淮安市主要林木种质资源鉴别图鉴

江苏省中国科学院植物研究所
淮安市林业技术指导站
编 著

河海大学出版社
HOHAI UNIVERSITY PRESS
·南京·

图书在版编目(CIP)数据

淮安市主要林木种质资源鉴别图鉴 / 江苏省中国科学院植物研究所，淮安市林业技术指导站编著. -- 南京：河海大学出版社，2024. 12. -- ISBN 978-7-5630-9368-7

Ⅰ. S722-64

中国国家版本馆CIP数据核字第2024DM6849号

书　　名　淮安市主要林木种质资源鉴别图鉴
　　　　　HUAIAN SHI ZHUYAO LINMU ZHONGZHI ZIYUAN JIANBIE TUJIAN
书　　号　ISBN 978-7-5630-9368-7
责任编辑　李蕴瑾
特约校对　李谱涵
封面设计　清皓堂
出版发行　河海大学出版社
地　　址　南京市西康路1号（邮编：210098）
电　　话　(025)83737852（总编室）　(025)83787107（编辑室）
　　　　　(025)83722833（营销部）
经　　销　江苏省新华发行集团有限公司
排　　版　南京布克文化发展有限公司
印　　刷　南京新世纪联盟印务有限公司
开　　本　787毫米×960毫米　1/16
印　　张　19.25
字　　数　300千字
版　　次　2024年12月第1版
印　　次　2024年12月第1次印刷
定　　价　158.00元

《淮安市主要林木种质资源鉴别图鉴》

编委会

主　　任　王　剑

副 主 任　籍荣生

主　　编　李乃伟　薛同良　吴宝成　左昊川

副 主 编　刘淮兵　吕　克　庄维兵　王　涛

编写人员

王　忠　王淑安　韦庆娟　刘晓静　严冬琴　杜凤凤
李相慧　李俊含　束晓春　沈　琪　宋春凤　张　博
张　蕾　张明霞　陈浩田　周　伟　周　勇　郝娟娟
秦亚龙　耿茂林　徐子恒

供图人员

马海军　王淑安　吕　克　刘兴剑　刘科伟　吴宝成
沈佳豪　张　凡　周　伟　周艳威　秦亚龙

（编写、供图人员按姓氏笔画顺序排列）

序

林木种质资源是林业生产发展的基础性、战略性资源，是林木良种选育的原始材料和物质基础。林木种质资源的保护和利用关系我国现代林业可持续发展，更关乎国家的物种安全、粮油安全、能源安全和生态安全。同时，作为生物多样性的重要组成部分，林木种质资源也是生态系统多样性、遗传多样性和物种多样性的基础，具有重要的生态价值、经济价值和社会价值。新形势、新使命赋予林业发展新的内涵，对做好林木种质资源保护工作提出了新的更高要求。开展林木种质资源培育在带动林农增收、推动经济发展等方面有着不可替代的地位，对促进绿色发展和推进生态文明建设具有十分重要的意义。

淮安市地处江苏省中北部、江淮平原东部，位于暖温带落叶阔叶林植被区南端，毗邻亚热带常绿阔叶林植被区。气候温和湿润，四季分明，降水充沛，为林木种质资源储备提供了优良的天然条件。但随着经济的发展和城市化进程的加快，这些宝贵资源面临着前所未有的挑战。为有效维持生态系统的稳定性和多样性，防止生物多样性丧失，保护这些林木种质资源迫在眉睫。江苏省中国科学院植物研究所（南京中山植物园）长期开展植物资源保护与利用的研究工作，编者团队一直致力于林木种质资源保护利用工作，具有丰富的植物资源调查工作经验和扎实的植物分类学研究功底，在植物种质资源调查、收集、繁育和开发方面取得了多项成果。此前作为技术支撑单位完成了淮安市林木种质资源清查等研究工作，积累了丰富的研究资料。

《淮安市主要林木种质资源鉴别图鉴》图文并茂、通俗易懂。从古老的珍稀树种到适应当地环境的乡土树种，从经济价值高的经济林到观赏价值高的园艺植物，本书精心挑选了淮安市具有代表性的林木种类，详细描述了其形态特征、生长习性、用途价值及种质资源分布情况，每份资源均有 2 ～ 3 种性状照片，力求真实反映林木的自然特征，准确传达其科学特征与生态意义，为科学研究、教学、生产实践及生物多样性保护提供了一本集科学性、实用性与科普性于一体的优秀工具书。

本书的编撰不仅是对淮安市林木种质资源现状的一次全面盘点，也为淮安市林木种质资源保护与利用提供了科学依据，为淮安市未来林业可持续发展和生态建设打下了坚实基础。同时，通过林木种质资源展现淮安市独特的地域文化和生态文明建设的成果，引起全社会对林木种质资源保护和利用工作的关注，是淮安市落实生态文明思想、践行绿色低碳可持续发展理念、促进人与自然和谐共生的一项具体举措。希望本书能够成为广大读者了解淮安市林木种质资源情况的窗口，期待社会公众共同努力，携手推动淮安市林业科技创新和产业升级，实现绿色转型和高质量发展。

姚东瑞

（江苏省中国科学院植物研究所所长、研究员）

2024 年 6 月

前言

植物是生态系统的生产者，植物多样性是生态系统服务功能的基础，植物资源是人类经济社会可持续发展的重要战略资源。地球上约有30万种植物，蕴藏着极为丰富的基因资源，我国拥有丰富的植物资源，是世界上野生植物种类最多的几个国家之一。江苏省位于长江、淮河下游，地处亚热带与暖温带过渡地带，植物种类较为丰富，拥有高等植物3700余种。淮安市地处暖温带落叶阔叶林植被区南端，毗邻亚热带常绿阔叶林植被区，植物资源丰富，尤其林木资源较为丰富。

种质资源就是遗传资源、基因资源。种质是指生物体亲代传递给子代的遗传物质，它往往存在于特定品种之中，如古老的地方品种、新培育的推广品种、重要的遗传材料以及野生近缘植物，都属于种质资源的范围。从事植物研究的科学家和工作者，可利用现代科学手段，将植物中有用的基因收集起来，建立“种质资源库”，从中索取育种材料直接应用于相关工作，挖掘和利用基因资源，培育更多有用的农林新品种。林木种质资源是林木遗传多样性的载体，是物种多样性和生态系统多样性的前提和基础，直接制约着与人类生存息息相关的森林资源质量、环境质量、生态建设质量以及生物经济时代的社会发展，是林业生产力发展的基础性和战略性资源，也是国家重要的基础战略资源。

保护和利用林木种质资源是区域生态安全的基石，在当前，进一步加强对林木种质资源的搜集、整理、鉴定、保护和合理利用，事关生态文明建设大局，紧迫而必要。为此，江苏省启动了全省林木种质资源清查工作，并在2020年全面完成了各区域的验收，全面深入摸清家底，为江苏林业高质量发展奠定基础，为建设“经济强、百姓富、环境美、社会文明程度高”的新江苏做出新的贡献。

淮安市林木种质资源清查结果显示，淮安市林木种质资源非常丰富，不乏可挖掘和需保护的植物资源。如调查发现的银缕梅、南京椴、宝华玉兰、鹅掌楸、秤锤树等都属于珍稀保护植物，这些资源均在淮安市得到了保护和利用；

又如白杜、柘树等乡土树种，均有树龄 100 至 300 年不等的古树种质，极具开发利用前景。为了提高野外植物的识别能力，加强林木种质的开发利用和管理水平，我们组织相关专家结合先前清查结果编写了《淮安市主要林木种质资源鉴别图鉴》，介绍了植物形态特征、生长习性与用途价值和种质资源分布情况。衷心希望本书能够作为工具资料，为淮安市林业工作者对林木种质资源的保护和利用提供帮助。

编　者

2024 年 6 月

凡　例

1. 本书介绍了淮安市境内野生或引种露地栽培的木本植物 306 种（含种下等级和品种），分属 73 科 167 属。

2. 物种收录。本书收录的物种以淮安市林木种质资源调查项目数据为基础，物种分类处理、分布信息、价值用途参考《江苏植物志》修订版（2013—2015）、《中国植物志》（1959—2004）、*Flora of China*（1994—2013）等植物志书资料。本书物种入选标准包括：①在淮安市行政区域内有野生或栽培；②属于木本植物，即乔木、灌木、竹类和木质藤本，多年生草本等不予收录；③重点收录具有一定园林观赏价值、生态价值功能的植物。

3. 物种排序。植物依照所属类群，按照裸子植物、被子植物排序。其中裸子植物基于 PPG Ⅰ，被子植物基于多识植物百科（https://duocet.ibiodiversity.net）。科内按照属名拉丁名首字母顺序排序。属内植物依照种加词首字母顺序排列，方便对于同属植物的比较和鉴别。

4. 物种名称。科、属和种的分类地位和拉丁学名的确定主要依据物种 2000 中国节点网站（http://www.sp2000.org.cn），网站未收录的，则按照《中国植物志》（1959—2004）或《江苏植物志》修订版（2013—2015）；对于某些物种的俗名和地方习惯叫法，则在物种中文名后列出，以便读者对比和检索。

5. 形态特征。按照植物生活型、株高、树冠、树皮、叶、花序、花、果实、种子、物候期的顺序对物种（品种）进行宏观形态的描述，尽量做到言简意赅，突出分类特征，便于读者进行物种鉴别。

6. 习性用途。介绍本种植物（品种）的生活习性，包括耐阴、耐水湿等，便于生产上进行合理栽培应用。用途方面，介绍在园林观赏、工农业生产等方面的经济和生态价值及用途。

7. 种质资源。主要介绍植物（品种）在我省的野生分布或栽培情况，同时介绍在我国及全球的野生分布和栽培情况，最后重点介绍在淮安市的野生分布、栽培应用、资源现状、开发应用等信息。

8. 植物照片。每个物种（品种）配 1 ～ 5 幅彩色照片。所选照片均力求物种（品种）准确无误，拍摄主体突出，构图合理，曝光合适，色彩自然，能够反映真实准确的植物形态和特征。照片类型包括完整植株、部分带花果枝条、叶片、花序（花）、果实、其他分类特征。

目 录

银杏科 Ginkgoaceae

银杏 *Ginkgo biloba*

形态特征： 落叶乔木。株高可达 40 m，胸径达 4 m。幼树树皮浅纵裂，大树树皮灰褐色、深纵裂。树冠广卵形，大枝斜展。叶扇形。叶柄长。种子核果状，椭圆形，成熟时黄色或橙黄色，外被白粉。花期 3—4 月，果熟期 9—10 月。

习性用途： 喜光，不耐积水，耐旱、耐寒。建筑、家具、室内雕刻优良用材。

种质资源： 淮安市公园、道路园林绿化有大量应用。市内有大量古树名木种质，共计 76 株，其中最大树龄 1008 年，共 2 株，保存于淮安区淮城街道东岳庙。

柏科 Cupressaceae

龙柏 *Juniperus chinensis* ‘Kaizuca’

形态特征：常绿乔木。株高可达 20 m，胸径达 3.5 m。树皮深灰色，纵裂，成条片开裂；幼树的枝条通常斜上伸展，形成尖塔形树冠，老树则下部大枝平展，形成广圆形的树冠。雌雄异株，稀同株，雄球花黄色，椭圆形。球果蓝绿色，果面略具白粉。花期 4 月，果期 10 月。

习性用途：喜阳，稍耐阴。喜温暖、湿润环境，抗寒，抗干旱，忌积水。适生于干燥、肥沃、深厚的土壤，较耐盐碱。对二氧化硫和氯气抗性强，但对烟尘的抗性较差。

种质资源：淮安市常见园林植物，公园绿化和道路景观常用树种。淮安市有古树种质 3 株，最大 2 株树龄为 225 年，保存于盱眙县官滩镇都梁寺院内，最大树高 8.6 m，最大胸径 71 cm。

北美圆柏 *Juniperus virginiana*

形态特征： 乔木。在原产地株高可达 30 m。树皮红褐色，裂成长条片脱落；枝条直立或向外伸展，树冠圆锥形或狭圆柱状塔形；生鳞叶的小枝细，四棱形。鳞叶排列较疏，菱状卵形；球果近圆球状或卵圆状；种子卵圆状，熟时褐色。花期 2—3 月，果期 9—10 月。

习性用途： 可栽植做庭园观赏及造林绿化树种，也为沿海地区的防护林树种。木材为细木工、优质家具及高级绘图铅笔杆等用材。

种质资源： 原产于北美洲。我国华东地区有引种栽培。淮安市、南京市、无锡市等地有栽培，其中淮安市在盱眙县盱城街道象山国家矿山公园内有栽培，树高 8 m，胸径 6 cm。

水杉 *Metasequoia glyptostroboides*

形态特征：落叶乔木。株高可达 40 m，胸径达 2.5 m，干基部膨大。树皮灰褐色。大枝斜展，小枝下垂，一年生枝淡褐色。球果深褐色。花期 2—3 月，果熟期 11 月。

习性用途：喜光，耐水湿能力强，耐寒性强（可耐 -25℃低温）。适生于肥沃深厚、湿润的壤土和冲积土。速生，易繁殖。材质轻软，适用于各种用材及造纸。

种质资源：淮安市常见乡土园林植物，为栽培利用种质，栽植于湖滨、河道两岸。

千头柏 *Platycladus orientalis* ' Sieboldii '

形态特征： 灌木。株高 1.5 ～ 2.5 m。无主干，树冠紧密，近球形，小枝直展，扁平，排成一平面。幼树树冠卵状尖塔形，老树则呈广圆形；树皮淡灰褐色。鳞叶二型，交互对生，背面有腺点。雌雄同株，球花单生枝顶；雄球花具 6 对雄蕊。球果当年成熟，卵状椭圆形，成熟时褐色。花期 3—4 月，果熟期 10 月。

习性用途： 适应性较强，耐轻度盐碱，耐干旱、瘠薄，怕涝。木材结构细密、耐腐、坚实耐用，为建筑、船舶、机械、家具、文具、雕刻、细木工等用材。树形美观、耐修剪，可配植于庭院中，为北方主要的绿化树种和绿篱植物。木材含树脂；种子含脂肪油；叶芳香，有健胃、清凉收敛、利尿的作用；叶、木材和树皮也可提制栲胶。

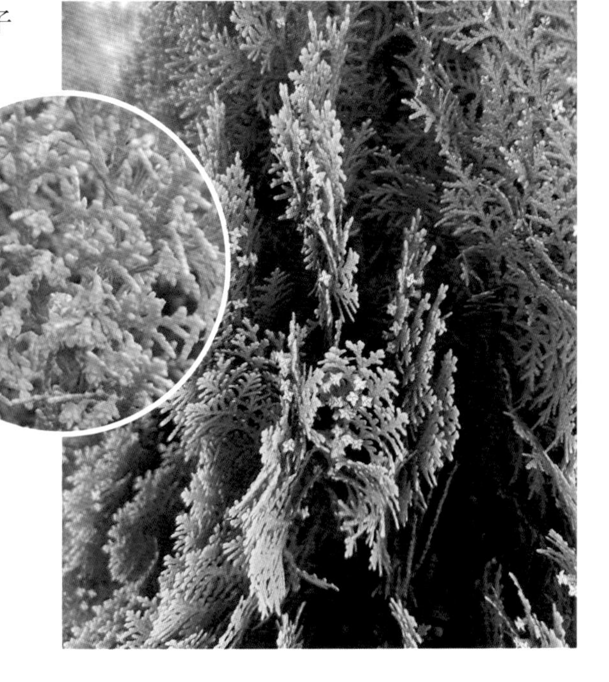

种质资源： 江苏各地普遍栽培，淮安市各大城市公园绿地常见有栽培，景观效果佳，开花结果量大。

中山杉 *Taxodium* ‘Zhongshanshan’

形态特征: 落叶乔木。株高可达 30 m。树干挺直，树形美观，树叶绿色期长，叶较小，螺旋状散生于小枝上。雌雄异花同株，雌球花着生在新枝顶部，单个或 2 ～ 3 个簇生，成熟时呈球形，成熟后珠鳞张开；雄球花着生在小枝上，成熟时呈椭圆形。花期 3—4 月，果熟期 10 月。

习性用途： 耐水湿，抗风性强，病虫害少，生长速度快。

种质资源： 常见园林植物，淮安市有引种栽培，用于公园和道路绿化。

落羽杉 *Taxodium distichum*

形态特征：落叶乔木。株高可达 50 m，胸径达 2 m。干基部常膨大，具膝状呼吸根。大枝呈水平开展。树皮棕色。侧生小枝 2 列。叶条形，排成 2 列，羽状。球果径约 2.5 cm，具短梗，熟时淡褐黄色，被白粉。种子褐色。花期 3 月，果熟期 10 月。

习性用途：适应性强，耐低温、干旱、涝渍，抗污染，抗台风，且病虫害少，生长快。其树形优美，羽毛状的叶丛极为秀丽，入秋后树叶变为古铜色，是秋色叶树种。木材重，纹理直，结构粗而均匀，花纹美观，易加工，不受白蚁蛀蚀，材用。

种质资源：常见园林植物，淮安市有引种栽培，用于公园和道路绿化。尤其在河道、湖岸等湿地栽植，园林景观效果突出。

池杉 *Taxodium distichum* var. *imbricatum*

形态特征：落叶乔木。株高可达 25 m。干基部膨大，常具膝状呼吸根。大枝向上伸展，树冠窄，尖塔形。球果圆球形或长圆球形，熟时呈褐黄色，有短梗。种子红褐色。花期 3 月，果熟期 10—11 月。

习性用途：喜光，抗风性强，适应性广，耐水湿。木材纹理直、防腐，易加工，供材用。水边种植易生膝状根，形成特异的景观。生长快，在适生地 8 ～ 10 年即可成材利用。

种质资源：淮安市常见乡土园林植物。有栽培利用种质，栽植于湖滨、河道两岸。

红豆杉科　Taxaceae

南方红豆杉　*Taxus wallichiana var. mairei*

形态特征： 常绿乔木。株高可达 20 m。树皮淡灰色，叶螺旋状着生。雌雄异株，球花单生叶腋；胚珠单生于花轴上部侧生短轴的顶端，基部托以圆盘状假种皮。种子倒卵圆状，微扁，生于红色肉质杯状假种皮中。花期 3—6 月，果期 9—11 月。

习性用途： 材质坚硬、耐腐力强，可作为建筑、家具、车辆、铅笔杆等用材。假种皮有甜味，可食，又可作为染料。树皮含紫杉醇，对多种癌症有较好疗效。种子是驱蛔、消积食的药材；可提脂肪油，供工业用。也可做庭园绿化树种，或于室内盆栽供观赏。

种质资源： 分布于西北、华中、华南等地。江苏各地有栽培。淮安市引种栽培做绿化使用或苗圃栽植，金湖县戴楼花卉基地收集保存多株，最大规格胸径 10 cm。

松科 Pinaceae

雪松 *Cedrus deodara*

形态特征：常绿乔木。在原产地株高可达 75 m。枝下高很低，树冠宽塔形；树皮深灰色，裂成不规则的鳞状块片。叶在长枝上辐射伸展，在短枝上簇生，针形，坚硬，长 2.5 ～ 5 cm。球果卵圆状或宽椭圆状。花期 10—11 月，果熟期翌年 10 月。

习性用途：著名的园林绿化观赏树种，也可栽植作为行道树。对二氧化硫和氟化氢敏感性较强，可作为大气污染监测植物；因具有较强的滞尘、减噪等能力，也适宜作为工矿厂区的绿化植物。材质坚实致密、少翘裂、耐久用，可做建筑、船舶、家具及器具等用材。

种质资源：原产于喜马拉雅山西部及喀喇昆仑山。江苏各地广泛栽培。淮安市引种栽培多年，现为淮安市市树，常见于公园和道路绿化，如淮阴区乡土植物园、清江浦区古淮河生态公园、洪泽区世纪公园、涟水县五岛湖公园、盱眙县中央公园等。

白皮松 *Pinus bungeana*

形态特征：常绿乔木。株高可达 30 m。主干明显，有时多分枝而缺主干；树皮幼时光滑，灰绿色，裂成不规则薄鳞片状剥落，内皮白色，白褐相间呈斑鳞状。针叶 3 针一束。花期 4—5 月，果熟期翌年 10—11 月。

习性用途：木材为建筑、家具、文具等用材。种子可食，并含脂肪油，可榨油。枝叶含精油，可做松节油用。球果含挥发油，球果（松塔）入药，可治慢性气管炎、哮喘、咳嗽痰多。树姿优美，树皮白色或褐白相间，为优良的庭园绿化及观赏树种。

种质资源：分布于河北、山西、陕西、甘肃、河南、湖北、四川等省。江苏各地庭园有栽培。淮安市有引种栽培，常见于公园和道路绿化，如淮阴区盐河风光带、清江浦区钵池山公园、涟水县五岛湖公园、盱眙县第一山国家森林公园等。

赤松 *Pinus densiflora*

形态特征：常绿乔木。株高可达 30 m。树皮红褐色，裂成不规则的鳞片状块片脱落；枝平展形成伞状树冠；一年生枝淡黄色或红黄色，微被白粉，无毛；冬芽暗红褐色，芽鳞条状披针形，边缘丝状。针叶 2 针一束。球果卵圆状或卵状圆锥形，种子倒卵状椭圆形或卵圆状。花期 4 月，果熟期翌年 9—10 月。

习性用途：木材结构较细、耐腐力强，为建筑、电杆、枕木、矿柱（坑木）、家具、火柴杆、木纤维工业原料等用材。树干可割取树脂，提取松香及松节油。种子榨油，可供食用及工业用。针叶可提取芳香油，为喷雾剂及皂用香精的调制原料。松节及松花粉均可药用，功效各异。抗风力较强，可做沿海山地的造林树种；也可栽植作为庭园绿化观赏树种。

种质资源：分布于东北以及山东省。在江苏低山丘陵山区，常组成次生纯林，零星分布。淮安市引种栽培于一些公园，如清江浦区钵池山公园。

湿地松 *Pinus elliottii*

形态特征：常绿乔木。在原产地株高可达 30 m。树皮灰褐色或暗红褐色，纵裂成鳞状块片剥落；枝条每年生长 3 或 4 轮；小枝粗壮，橙褐色，后变为褐色至灰褐色。针叶 2 或 3 针一束并存，长 18 ～ 25 cm，稀达 30 cm，刚硬，深绿色。花期 3 月下旬，果熟期翌年 10 月。

习性用途：木材硬重、坚固，为船舶、建筑、地板、车厢等用材。可提制松脂和松节油，为医药化工、国防等方面的重要原料；松节油也是香料工业的重要原料。生长快、耐水湿，为长江流域以南地区的造林树种，可栽植作为园林绿化树、庭荫树、背景树和水土保持树。

种质资源：原产于美国东南部潮湿的低海拔地区。江苏各丘陵山地有栽培，适生于低山丘陵地带，较耐水湿。盱眙县有人工林种质，群落状态较好。其他县区有引种栽培，常见于公园和道路绿化。

形态特征：常绿乔木。株高可达 45 m。树皮红褐色，下部灰褐色，裂成不规则的鳞状块片；枝条每年生长 1 轮，一年生枝淡黄褐色，无白粉，无毛；冬芽褐色。针叶 2 针一束，长 12 ~ 20 cm，细柔，微扭曲；树脂道 4 ~ 8 个，边生；叶鞘宿存。花期 4—5 月，果熟期翌年 9—10 月。

习性用途：木材为建筑、枕木、矿柱、家具及木纤维工业原料等用材。松针可蒸馏提取芳香油，是医药和化工原料；蒸油后的松针可提制栲胶，为塑料及墨水制作的原料。树干可割取树脂，提制松节油及松香，为工业和医药原料。树干及根可作为茯苓和蕈类的培养基质。种子可提制脂肪油，可食用或药用。

种质资源：分布于华中以及陕西、甘肃、安徽、浙江、福建、台湾、江西、广东、广西、四川、贵州、云南等地。淮安市有引种栽培，主要分布在盱眙县丘陵山区。

日本五针松 *Pinus parviflora*

形态特征：常绿乔木。在原产地株高可达25 m。树皮幼时淡灰色，光滑，老时呈橙黄色，裂成不规则鳞片状剥落。针叶5针一束，较短，长3.5～5.5 cm，簇生枝端，微弯曲。种子为不规则倒卵圆状，近褐色，具黑色斑纹，长8～10 mm，种子具宽翅。花期5月，果熟期翌年10月。

习性用途：树姿优美，可栽植做庭园观赏树或用于制作盆景。

种质资源：原产于日本。江苏各地栽培，通常呈灌木状，生长较慢。淮安市有引种栽培，常见于公园和道路绿化，如淮阴区乡土植物园、清江浦区古淮河生态公园、洪泽区世纪公园、涟水县五岛湖公园、盱眙县中央公园等。

油松　*Pinus tabuliformis*

形态特征：常绿乔木。株高可达 25 m。树皮灰褐色，裂成较厚的不规则鳞状块片，裂缝及上部树皮红褐色；小枝较粗，褐黄色，无毛。针叶 2 针一束，粗硬，长 10 ～ 15 cm。花期 4—5 月，果熟期翌年 10 月。

习性用途：木材材色艳、结构较细密、耐久用，为建筑、电杆、矿柱、船舶、器具、家具及木纤维工业等用材。树干可割取树脂，提取松节油；树皮还可制栲胶。种子榨油，供食用或工业用。

种质资源：分布于华北以及吉林、辽宁、陕西、甘肃、宁夏、青海、山东、河南、四川等地。淮安市有引种栽培，常见于公园和道路绿化等。

黑松 *Pinus thunbergii*

形态特征：常绿乔木。株高可达 30 m。幼树树皮暗灰色，老时灰黑色，裂成块片脱落；一年生枝淡褐黄色，无毛；针叶 2 针一束，粗硬。花期 4—5 月，果熟期翌年 10 月。

习性用途：木材结构较细、耐久用，可做建筑、矿柱、器具、板料及薪炭等用材。枝干富含树脂，可制松节油和松香。叶可提取芳香油，可做纤维原料。种子可榨油，供工业用。叶、花粉可药用，功效同“马尾松”。

种质资源：原产于日本及朝鲜南部海岸地区。江苏各地丘陵普遍栽培，淮安市有引种栽培，常见于公园和道路绿化，如淮阴区樱花园、母爱公园；清江浦区古淮河生态公园、钵池山公园、清晏园；洪泽区世纪公园；涟水县五岛湖公园；盱眙县林总场、中央公园、象山国家矿山公园、第一山国家森林公园等。

木兰科 Magnoliaceae

鹅掌楸（马褂木） *Liriodendron chinense*

形态特征：落叶乔木。株高可达 40 m。树皮灰色，一年生枝灰色或灰褐色，具环状托叶痕。单叶互生，叶两侧通常各 1 裂，向中部凹，形似马褂；叶柄长。花较大，花形杯状，绿色，具黄色纵条纹，单生枝顶。花期 4—5 月，果期 9—10 月，果实纺锤状。

习性用途：喜光，能耐 -15℃的低温。耐干旱，喜深厚肥沃和排水良好的壤土。主根较深，在低湿地生长不良。生长迅速，病虫害少。木材纹理直、结构细、质轻软，适合做家具、细木工及胶合板。

种质资源：淮安市公园、道路园林绿化有大量应用，园林苗圃存有一定量的种苗。

荷花木兰（荷花玉兰） *Magnolia grandiflora*

形态特征：常绿乔木。株高可达 30 m。小枝、叶柄、叶下面密被锈褐色短绒毛。叶厚革质，椭圆形或长圆状椭圆形，先端钝圆，叶面深绿色而有光泽，叶缘略反卷。花大，白色，芳香。聚合果短圆柱形，密被灰褐色绒毛，整齐。花期 5—6 月，果期 10 月。

习性用途：喜光，对烟尘抗性强，对土壤要求不严，生长较快，少病虫害，忌积水、排水不良。

种质资源：淮安市常见园林植物，公园绿化和道路景观常用树种。当地常称“广玉兰”。

含笑花（含笑） *Michelia figo*

形态特征：灌木。株高可达 5 m。分枝繁密。芽、幼枝、叶柄、花柄均被黄褐色毛。叶片革质，倒卵形或倒卵状椭圆形。花被片 6，淡黄色，肉质，内凹，边缘或基部常带红或紫红晕。聚合果，小蓇葖果卵圆形或球形，顶端具短喙。花期 3—5 月，果期 7—8 月。

习性用途：花香浓郁，为著名的庭园观赏和绿化树种，因花开放时花被不尽开，故称“含笑花”。花可提取芳香油，为高级化妆品香料，也可供药用；花瓣可拌入茶叶制花茶。

种质资源：原产于华南各省（区），现广泛栽培于热带、亚热带以及温带地区。淮安市园林绿化、道路景观与城市绿地中常见栽培。

二乔玉兰 *Yulania × soulangeana*

形态特征：落叶小乔木。株高可达 10 m。小枝无毛。叶片纸质，倒卵形。花先叶开放；花被片 9，稀 6，淡红色至深红色或带浅红色至深紫色条纹，里面白色至粉红色，长圆状倒卵形或匙形。聚合果长圆柱形；小蓇葖果卵圆形或倒卵圆形，具白色皮孔。种子深褐色，宽倒卵圆形或倒卵圆形。花期 2—3 月，果期 9—10 月。

习性用途：优良的庭园观赏和绿化树种。树皮、叶、花均可提取芳香浸膏。

种质资源：其为紫玉兰与玉兰的杂交种，常见园林绿化树种，全国大部分地区和世界各地均有栽培。已培育出 20 多个园艺品种，花色丰富，有红色、粉红色、紫红色或近白色等。江苏各地有栽培。淮安市多地有栽培，如淮安市动物园、淮阴区古黄河风景带、淮安区白马湖农场、金湖县翠湖园等。

天目玉兰 *Yulania amoena*

形态特征：落叶乔木。株高可达 20 m。顶芽密被灰白色长绢毛；小枝绿色或黄绿色，老枝常带淡紫色，无毛。叶片宽倒披针形或倒披针状椭圆形，叶面无毛。花先叶开放；花被片 9，倒披针形或匙形，红色或粉红色，里面白色。聚合果长圆柱形，小蓇葖果扁球形，表面密被瘤状点。花期 4—5 月，果期 8—9 月。

习性用途：为优良的庭园观赏和绿化树种。花蕾入药，有利尿消肿、润肺止咳的功效，也可提取芳香油。木材做家具、装饰及雕刻之用。

种质资源：分布于浙江省、福建省、安徽省、江西省、湖北省。宜兴市、溧阳市有零星分布，常生于山坡疏林中。淮安市各城镇有栽培，用于城市公园绿化，如淮安市动物园、淮阴区古黄河风景带等。

玉兰 *Yulania denudata*

形态特征：落叶乔木。株高可达25 m，胸径达1 m。树皮深灰色，粗糙开裂；小枝稍粗壮，灰褐色；冬芽及花梗密被淡灰黄色长绢毛。叶纸质，倒卵形、宽倒卵形或倒卵状椭圆形。花白色到淡紫红色，大型、芳香，花冠杯状，花先开放，叶子后长，花期10天左右。花期3—4月，果期8—9月。

习性用途：喜光，较耐寒，可露地越冬。喜干燥，忌低湿，栽植地渍水易烂根。对二氧化硫等有害气体的抗性较强。玉兰花外形极像莲花，盛开时，花瓣展向四方，白光耀眼，具有很高的观赏价值。

种质资源：常见园林植物，淮安市有引种栽培，用于公园和道路绿化。

紫玉兰 *Yulania liliiflora*

形态特征：落叶灌木。株高可达 5 m。常呈丛生状。冬芽及花蕾密被淡黄色绢毛；小枝绿紫色或淡褐紫色，无毛。叶片纸质，倒卵形或椭圆状倒卵形。花叶同放或稍叶后开放，稀先叶开放；花被片 9，披针形，常早落，外面紫色或紫红色，内面粉白色。聚合果圆柱形，成熟时深紫褐色。花期 3—4 月，果期 8—9 月。

习性用途：树皮、叶、花蕾均可入药，晒干后的花蕾称“辛夷”，主治鼻炎、头痛、疮毒等症，亦可做镇痛消炎剂；树皮、叶及花可提取芳香油，供化妆品及香料用。

种质资源：分布于福建、湖北、四川、云南等省，全国各地园林常见栽培。江苏各地城镇普遍栽培。淮安市淮阴区刘老庄、金湖县运西农场、淮安区吴承恩故居、清江浦区古淮河国家湿地公园、涟水县五岛湖公园等地有引种栽培。

宝华玉兰 *Yulania zenii*

形态特征：落叶乔木。株高可达 15 m。顶芽密被绢状毛；小枝紫褐色。叶片长圆状倒卵形或长圆形，叶柄初时被长柔毛，后脱落近无毛。花先叶开放；密被长柔毛；花被片 9，匙形，上部白色或粉红色，中下部常为淡紫红色；花丝紫红色。聚合果长圆柱形；小蓇葖果近球形，被疣点状突起。花期 3—4 月，果期 8—9 月。

习性用途：为江苏特有植物和国家Ⅱ级重点保护野生植物，数量极少，材用价值尚未开发利用，是优良的庭园观赏和绿化树种。

种质资源：原产于句容市（宝华山），生于海拔 200 m 的山坡杂木疏林中。江苏南部城市有栽培。淮安市引进保存于盱眙县铁山寺国家森林公园，树高 8 m，胸径 9 cm，生长旺盛，正常开花结果。

蜡梅科 Calycanthaceae

蜡梅 *Chimonanthus praecox*

形态特征：落叶灌木。株高可达 5 m。茎、枝方形，棕红色，老枝灰褐色，有椭圆形突出皮孔。叶片椭圆状卵形至卵状披针形。花着生于上年生枝条的叶腋痕内，先花后叶；花蕾多数直立向上，花开后向下；花黄色，外部为卵形或卵状椭圆形，螺旋状着生。冬季开花，花期 11 月至翌年 3 月，果期 5—6 月。

习性用途：寒冬开花、幽香袭人，适宜庭院栽植，也是冬季插花、制作盆景的良材。花、叶、根皮均可入药，有解暑生津、活血解毒的功效。花还可食用，可制佳肴。

种质资源：分布于华东、华中地区以及陕西、四川、贵州、云南等省。现全世界温带地区均有栽培。江苏各地有栽培。淮安市园林绿化、道路景观与城市绿地中常见栽培。

樟科 Lauraceae

樟（香樟） *Camphora officinarum* Nees

形态特征： 常绿乔木。株高可达 30 m。树皮幼时绿色，平滑，老时渐变为黄褐色或灰褐色，纵裂。冬芽卵圆形。叶片薄革质，卵形或椭圆状卵形，叶面深绿色。花小，绿白色或黄色。果球形，熟时紫黑色；果托杯状。花期 4—5 月，果期 10—11 月。

习性用途： 为重要的用材和特种经济树种。木材、枝、叶均可提取樟脑或樟油，用于医药、香料工业及杀虫等。木材质优，抗虫害、耐水湿，供造船、家具、箱柜、板料、雕刻等用。枝叶浓密，树形美观，并有吸尘、降噪和杀菌的作用，可用作绿化行道树及防风林，亦可选作工厂、矿区的绿化树种。

种质资源： 分布于长江以南及西南地区。苏州市和宜兴市等地有野生大树，生于土壤肥沃的向阳山坡或河岸平地。在淮安市作为园林绿化树种普遍栽植，耐寒性稍差，生长旺盛。

狭叶山胡椒 *Lindera angustifolia*

形态特征：落叶乔木或灌木。株高可达 8 m。幼枝黄绿色，无毛；冬芽卵圆形，紫褐色，芽鳞具脊。叶椭圆状披针形，先端渐尖，基部楔形，下面沿脉疏被柔毛。伞形花序腋生；雄花花被片 6；雌花柱头头状。果球形，黑色。花期 3—4 月，果期 9—10 月。

习性用途：叶可提取芳香油，用于配制化妆品及皂用香精。种子油可制肥皂及润滑油。

种质资源：分布于华东、华中、华南地区。产于我省南北大部分丘陵山地地区，生于山坡灌木丛中。淮安市有野生种质，集中分布于盱眙县低山丘陵山区。

江浙山胡椒 *Lindera chienii*

形态特征： 落叶灌木或小乔木。株高可达 5 m。树皮灰色，平滑；小枝灰褐色或棕褐色，有纵条纹，密生白色柔毛，后脱落。叶片纸质，倒披针形或倒卵形，全缘，叶面深绿色，叶背灰白色。伞形花序。果球形，熟时红色。花期 3—4 月，果期 9—10 月。

习性用途： 叶和果实可提取芳香油。种子含脂肪油 49.3%，可制肥皂或做机械润滑油。

种质资源： 分布于浙江、安徽、湖北、河南等省。产于南京市（江宁区）、宜兴市、句容市等地，生于山坡杂木林中。盱眙县铁山寺国家森林公园具有野生植株，群落较大，胸径最大规格达 9 cm。在盱眙县建有省级种质资源库。

红果山胡椒 *Lindera erythrocarpa*

形态特征：落叶灌木或小乔木。株高可达 5 m。树皮灰褐色；小枝有显著凸起的瘤状皮孔。叶片纸质，倒卵状披针形或倒披针形，叶脉红色，叶背有棕黄色毛。伞形花序腋生。果球形，熟时红色。花期 3—4 月，果期 7—8 月。

习性用途：喜光，稍耐阴，生于向阳山坡、山谷杂木林或竹林中。种仁含油率 69.5%，可提取油脂。

种质资源：分布于浙江、安徽、江西等省。在江苏丘陵地区多有分布，淮安市盱眙县有零星分布，盱眙县铁山寺国家森林公园有野生群落，地径 2 ～ 5 cm。

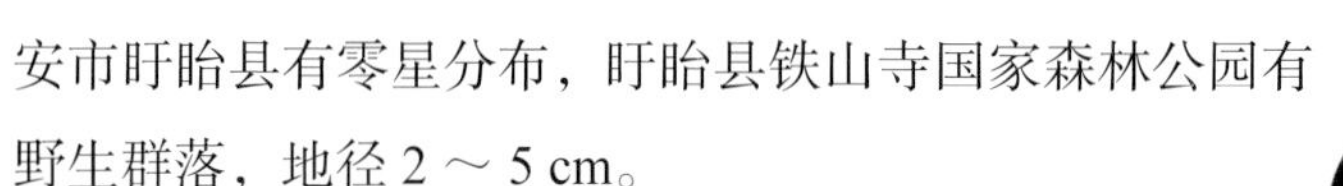

山胡椒 *Lindera glauca*

形态特征：落叶灌木或小乔木。株高可达6 m。树皮灰白色；小枝灰色或灰白色；幼枝黄褐色，有毛。叶片椭圆形至倒卵状椭圆形，背面苍白色，密生细柔毛；老叶常留至第2年发新叶时脱落。伞形花序有短花序梗，腋生；雄花黄色；雄蕊9，第3轮的花丝基部有1对具柄宽肾形腺体；雌花柱头盘状。果球形，熟时黑色或紫黑色；果柄有毛。花期3—4月，果期7—8月。

习性用途：深根性，喜光，稍耐阴，耐干旱瘠薄，适应性广。果及叶可提取芳香油。种子含脂肪油，可制肥皂及机械润滑油。木材供制作家具。全株供药用。

种质资源：分布于长江流域以南各省（区）及河南、陕西、甘肃等省。江苏多地有分布，生于山坡灌木丛中或荒山坡。淮安市盱眙县铁山寺国家森林公园分布较多，为当地优良的乡土树种，形成优势野生群落，秋叶红色，景观效果佳，但尚未在绿化中应用。

菝葜科 Smilacaceae

菝葜 *Smilax china*

形态特征：攀缘灌木。根茎横走，竹鞭状，较粗厚，呈不规则弯曲，疏生坚硬须根，断后成刺状突起。茎上刺较疏，为倒钩状刺，小枝上几无刺。叶片革质，卵形、卵圆形或椭圆形。伞形花序生于叶稍幼嫩的小枝上，具十数朵或更多的花，常呈球形。浆果红色。花期 4—5 月，果熟期 8—11 月。

习性用途：耐半阴，喜温暖气候，自然生长于林下、路旁。根药用，能祛风寒、利小便、止渴等；叶可用于治风肿、疮痈、肿毒、脓疮；根浸液可杀菜蚜虫。含鞣质，可制栲胶；并富含淀粉，可酿酒。因叶形和果实均美观，可开发为庭院园艺植物。

种质资源：分布于华东、中南、西南地区。产于江苏各地，生于山坡林下。淮安市丘陵山地均有野生种质，本种未见栽培。

黑果菝葜 *Smilax glaucochina*

形态特征：攀缘灌木。根茎呈不规则块状，有结节状隆起。叶片厚纸质，背面粉绿色，椭圆形、卵状椭圆形至卵圆形；伞形花序生于叶稍幼小枝上，具几朵或十余朵花，花稍大；花绿黄色；浆果蓝黑色。花期4月，果期8—10月。

习性用途：耐半阴，喜温暖气候，自然生长于林下、路旁。根茎含大量淀粉，供食用，亦可制饴糖；根茎含鞣质，可提制栲胶；根茎入药，能祛风寒、利小便、止渴等。幼嫩茎叶和卷须可供蔬食。因秋叶色彩和果实均美观，可开发为庭院园艺植物。

种质资源：分布于长江以南及西南各省（区）。产于江苏南部，生于山坡林下。淮安市丘陵山地有野生种质，本种未见栽培。

华东菝葜 *Smilax sieboldii*

形态特征：攀缘灌木或半灌木。根茎粗短，丛生，多数细长而较硬，疏生细刺。茎长 1 ～ 2 m，茎、枝有刺，刺带黑褐色，近直立。叶片纸质，椭圆状卵形、卵圆形或三角状卵形。伞形花序具数朵花；花淡黄绿色。浆果熟时蓝黑色。花期 5—6 月，果熟期 10 月。

习性用途：耐半阴，喜温暖气候，自然生长于林下、路旁。根茎药用，能解毒、活血止痛，为疮科用药。因秋叶色彩和果实均美观，可开发为庭院园艺植物。

种质资源：分布于辽宁、山东、安徽、浙江、福建、台湾等地。产于连云港、南京、宜兴、溧阳、句容等市，生于山坡林下。在淮安市盱眙县铁山寺国家森林公园有野生分布，本种未见栽培。

天门冬科 Asparagaceae

凤尾丝兰 *Yucca gloriosa*

形态特征：常绿灌木。茎较短，有时分枝，株高可达 3 m。叶密集，螺旋排列茎端，质坚硬，有白粉，剑形，顶端硬尖，全缘，老叶有时有少量丝状纤维。圆锥花序，花莛高大而粗壮，高可达 1 m；花钟状，大而下垂，白色；花被片 6；雄蕊 6；花柱短，柱头 3。花期 6—10 月，果期 10—11 月。

习性用途：适应性强，耐水湿。是良好的庭园观赏树木，常植于花坛中央、建筑前、草坪中、路旁及绿篱等。叶纤维韧性强，可供制缆绳用。

种质资源：原产于北美东部及东南部，现长江流域各地普遍栽植。淮安市有引种栽培，常见于公园和道路绿化。

棕榈科 Arecaceae

棕榈 *Trachycarpus fortunei*

形态特征：乔木。株高可达 15 m。树干被残存的老叶柄及密集的网状纤维叶鞘。叶圆扇形。裂片条形，硬挺不下垂。肉穗花序簇生，下垂。果球形，熟时蓝黑色，略被白粉。花期 4 月，果期 12 月。

习性用途：较耐寒、耐阴。适生于排水良好、疏松、肥沃、湿润之地。过湿则易于腐根，为浅根性树种，易风倒。6 ～ 8 年可开始剥棕皮，20 ～ 40 年后衰老。叶鞘纤维可做绳索、蓑衣、棕垫、地毯、棕刷和沙发的填充材料。嫩叶经漂白可编扇和草帽。花苞可供食用。

种质资源：淮安市常见园林植物，公园绿化和道路景观常用树种。

禾本科　Poaceae

孝顺竹　*Bambusa multiplex*

形态特征：根状茎合轴丛生。秆高 4 ～ 7 m，直径 1.5 ～ 2.5 cm；节间长 30 ～ 50 cm。秆箨幼时薄被白粉，早落；箨鞘绿色，无毛，脆硬，呈梯形，先端稍向外缘一侧倾斜；箨耳极微小以至不明显，边缘有少许毛；箨舌边缘呈不规则的短齿裂；箨片直立，易脱落，狭三角形。

习性用途：为丛生竹类中分布最广、适应性最强的几个种类之一，引种历史悠久，常栽培于公园、庭院供观赏；近年来也广泛用于道路绿化、景观营造。

种质资源：广布于长江流域以南各省（区）。江苏有栽培，有时生于山谷间、小河旁。淮安市有引种栽培，常见于公园和道路绿化。

阔叶箬竹 *Indocalamus latifolius*

形态特征：秆高可达 2 m，直径 0.5 ～ 1.5 cm；节间长 5 ～ 22 cm，被微毛，尤以节下方为甚；秆环略高。箨环平；箨鞘硬纸质或纸质；箨耳无或稀不明显，生粗糙短毛；箨舌截形；箨片直立，线形或狭披针形。叶片长圆状披针形，叶背灰白色或灰白绿色，生有微毛。笋期 4—5 月。

习性用途：叶片宽大，常用于包裹粽子，具有特殊清香味。叶也可药用，有清热解毒、止血的功效。也广泛应用于营建园林景观。

种质资源：生于丘陵山区林缘路旁、山谷和疏林下。广布于安徽、浙江、江西、福建、湖北、湖南、广东、四川等省。淮安市有引种栽培，常见于公园和道路绿化。

金镶玉竹 *Phyllostachys aureosulcata* ‘Spectabilis’

形态特征： 秆高可达 9 m，直径 5～6 cm，竹秆金黄色，沟槽翠绿色。末级小枝 2 或 3 叶。笋期 4 月中旬至 5 月上旬，花期 5—6 月。

习性用途： 生于山坡林下，各地公园和景点有栽培。竹秆散生，适应性强，能耐 -20℃低温，常用于园林绿化。

种质资源： 自然分布于浙江省、安徽省，被广泛地引种至许多地方，在欧洲广为栽培，并于 1907 年从浙江省的塘栖镇引种到美国。产于连云港市（云台山悟道庵），淮安市有引种栽培，常见于公园和道路绿化。

形态特征：秆高 4 ～ 8 m，直径 2.3 ～ 4 cm；幼秆绿色，密被细柔毛及白粉，箨环有毛，一年生以后的秆逐渐先出现紫斑，最后全部变为紫黑色，无毛，节间长 25 ～ 30 cm。箨耳长圆形至镰形，紫黑色，边缘生有紫黑色毛；箨舌拱形至尖拱形，紫色；箨片三角形至三角状披针形，绿色，但脉为紫色。末级小枝具 2 或 3 叶。笋期 4 月下旬。

习性用途：紫竹是栽培最为普遍、栽培历史最为悠久的观赏竹种之一。除了作为庭院观赏植物以外，紫竹竹秆制成的乐器及其他工艺品，由于其独特的天然色彩深受人们的喜爱。

种质资源：原产于中国，各地多有栽培，在湖南省南部与广西壮族自治区交界处尚可见野生的紫竹林。淮安市有引种栽培，常见于公园和道路绿化。

刚竹 *Phyllostachys sulphurea* var. *viridis*

形态特征：高大、生长迅速的禾草类植物。地上茎木质而中空（竹秆）。成熟的竹生出水平的枝，叶片为剑形，有叶柄，幼株的叶直接从茎上生出。某些种的茎秆生长迅速（每日可生长 0.3 m），但大多数种类在生长 12 至 120 年后才开花结籽。一生只开花结籽一次。

习性用途：喜土质深厚肥沃、富含有机质和矿物元素的土壤。忌积水。

种质资源：淮安市常见园林植物，庄台绿化、公园绿化和道路景观常用树种。

木通科 Lardizabalaceae

木通 *Akebia quinata*

形态特征：落叶木质藤本。茎纤细，缠绕，老枝多皮孔。掌状复叶有 5 枚小叶；小叶片倒卵形或椭圆形，全缘。总状花序生于短枝叶腋，基部有雌花 1 ～ 2 朵，上部有 4 ～ 10 朵雄花；雄花淡紫色；雌花暗紫色。果长圆形或椭圆形，成熟时暗红色。种子多数，不规则多行排列于白色瓤状果肉中；卵状长圆形，褐色或黑色，有光泽。花期 4—5 月，果期 6—8 月。

习性用途：根、茎和果实均可药用，有利尿、通乳、消炎的功效。果甜可食。种子可榨油，制肥皂。

种质资源：分布于长江流域。产于连云港市以及苏南地区，生于灌木丛、林缘和沟谷中。淮安市有野生种质，在盱眙县铁山寺国家森林公园有零星分布。

防己科 Menispermaceae

木防己 *Cocculus orbiculatus*

形态特征：草质或近木质缠绕藤本。全株有柔毛。叶片纸质至近革质，卵形或卵状长圆形至倒心形，全缘或微波状。聚伞状或总状圆锥花序，花黄色。核果近球形，蓝黑色，有白粉；果核骨质，两侧扁，背部有小横肋状雕纹。花期5—6月，果期8—9月。

习性用途：藤供编织。根含淀粉，可酿酒；亦可入药，有祛风通络、利尿解毒、降血压的功效。

种质资源：我国除西北地区和西藏外，大部分地区均有分布，以长江中下游及其以南各省（区）常见。江苏各地均产，生于山坡路旁、灌丛、疏林中。淮安市盱眙县低山丘陵有野生分布，群体较大。

小檗科　Berberidaceae

阔叶十大功劳　*Mahonia bealei*

形态特征：常绿灌木。株高 1 ～ 2 m。树皮黄褐色。叶互生；一回羽状复叶；小叶 7 ～ 17 枚，厚革质，卵形，边缘略反卷。总状花序直立，花黄色。浆果卵圆形，成熟时蓝黑色，表面被白粉。花期 9 月至翌年 3 月，果期 4—6 月。

习性用途：常栽培做观赏植物。全株供药用，能清热、解毒、消肿、止泻。

种质资源：分布于甘肃、陕西、河南、安徽、浙江、江西、福建、湖南、湖北、四川、贵州、广东、广西等省（区）。江苏各地城市公园及庭院有栽培，有时逸为野生。淮安市园林绿化、道路景观与城市绿地中常见栽培。

十大功劳 *Mahonia fortunei*

形态特征：常绿灌木。株高 1 ～ 2 m。叶互生；一回羽状复叶；小叶 5 ～ 9 枚，稀 11 枚，革质，狭披针形。总状花序直立；花黄色。浆果卵圆形或球形，成熟时蓝黑色，外被白粉。花期 7—8 月，果期 9—11 月。

习性用途：常栽培做观赏植物。全株供药用，滋阴、清热、解毒。根、茎和叶含小檗碱等生物碱。

种质资源：分布于四川、湖北、浙江等省。江苏各地城镇及庭园有栽培。淮安市园林绿化、道路景观与城市绿地中常见栽培。

南天竹 *Nandina domestica*

形态特征：常绿灌木。株高 1 ～ 3 m。全株光滑无毛。茎直立，常丛生且分枝少，幼枝常为红色。叶互生，集生于茎枝上部；小叶革质，椭圆状披针形，全缘，深绿色，冬季常变红色，近无柄。圆锥花序顶生，花白色。浆果球形，鲜红色。种子半球形，灰色或淡棕褐色。花期 5—7 月，果期 8—11 月。

习性用途：为常见的观赏植物。生长速度慢，喜半阴，在强光下亦能生长；不耐寒；宜生于肥沃、湿润而排水良好的土壤。全株均可药用，果实为镇咳药；根、茎有清热除湿、通经活络的功效。

种质资源：原产于我国和日本，现各地广为栽培。淮安市城镇及庭院有栽培。淮安市园林绿化、道路景观与城市绿地中常见栽培。

毛茛科 Ranunculaceae

威灵仙 *Clematis chinensis*

形态特征：木质藤本。植株干后呈黑色。枝无毛或疏被柔毛。羽状复叶有5枚小叶；小叶片纸质，卵形至卵状披针形，全缘，两面疏生短柔毛或近无毛。圆锥状聚伞花序顶生及腋生；白色，平展，倒卵状长圆形至狭倒卵形。瘦果椭圆形。花期6—9月，果期9—10月。

习性用途：茎入药，有祛风湿、活血、通经络、利尿、止痛作用；叶药用，可治喉炎、急性扁桃体炎。全株做土农药，可防治菜青虫、地老虎等。

种质资源：分布于长江流域以南各省（区）。生于山坡、山谷林中或路旁。淮安市有野生种质，在盱眙县铁山寺国家森林公园及其他丘陵山区有零星分布，群落状态良好，开花结果正常。

清风藤科 Sabiaceae

红柴枝 *Meliosma oldhamii*

形态特征：乔木。株高可达 20 m。小枝无毛。奇数羽状复叶，小叶 7 ～ 15 枚；对生或近于对生；叶片纸质，卵状椭圆形或卵状披针形。圆锥花序顶生或着生于枝条上部的叶腋，直立；花白色，近圆形。核果球形，成熟时黑色。花期 6 月，果期 8—9 月。

习性用途：可栽培供观赏。种子榨油，供制润滑油。木材坚硬，供建筑、车辆、家具及农具等用材。

种质资源：产于连云港市及苏南地区有山地的市，常生于湿润的山地林中。分布于长江流域各省（区、市）及台湾。淮安市有野生种质，在盱眙县铁山寺国家森林公园有零星分布，建有省级种质资源库。

悬铃木科 Platanaceae

二球悬铃木（悬铃木） *Platanus acerifolia*

形态特征： 落叶高大乔木。株高可达 25 m。树皮灰绿色，呈不规则状剥落，剥落处粉绿色，光滑。小枝密被黄灰色星状茸毛，老枝无毛。叶片宽卵形，基部平截或微心形，3 ～ 5 掌状深裂；叶柄基部为钟状鞘。球形花序下垂，状如悬铃，通常 2 个一串。花期 4—5 月，果期 9—10 月，果熟期翌年 5—6 月。果熟时易产生飘絮。

习性用途： 喜光，在深厚肥沃土壤中生长良好。速生。萌芽力强，耐强度修剪。 树形优美，树冠开展，为优良的行道树。对二氧化硫、氯气等有毒气体有较强的抗性。

种质资源： 本体为一球悬铃木（*Platanus occidentalis*）与三球悬铃木（*Platanus orientalis*）的杂交种。全球各地常见园林植物，淮安市栽培较多，用于公园和道路绿化。

黄杨科 Buxaceae

黄杨 *Buxus sinica*

形态特征：灌木或小乔木。株高 1 ～ 6 m。枝有纵棱，灰白色；小枝四棱状。叶片革质，宽椭圆形、宽倒卵形、倒卵状椭圆形或倒卵状长圆形，先端圆钝，常凹下，基部圆或急尖或楔形，叶面光亮。花期 3 月，果熟期 5—6 月。

习性用途：常栽植于园林中做绿篱，也用于点缀山石或制作盆景。根、茎和叶有祛风除湿、理气止痛、清热解毒的功效。木材可供雕刻制作工艺品。

种质资源：生于山谷、溪边、林下。分布于甘肃、陕西、山东、安徽、浙江、江西、湖北、广东、广西、贵州、四川等省（区）。淮安市公园内常用栽培树种，古树种质有 3 株，清江浦区 1 株，淮安区 2 株。最大树高 5 m，最大冠幅 6.5 m；最大树龄约 120 年，位于淮安区吴承恩故居。

芍药科 Paeoniaceae

牡丹 *Paeonia × suffruticosa*

形态特征： 落叶小灌木。株高 1～2 m。分枝多，短粗。叶为二回三出复叶至二回羽状复叶。花大，单朵顶生；花冠重瓣，花型和瓣型多变，花色丰富，倒卵形；花盘革质，杯状，紫红色，全包心皮。蓇葖果卵形或卵圆形。花期 4—5 月，果期 5—6 月。

习性用途： 根皮药用，称“丹皮”，有镇痉、镇痛、活血、散瘀、除烦热等作用。种子含油脂。也为重要的蜜源植物。中国传统名花之一，也是世界著名的观赏花灌木。

种质资源： 全国各地广为栽培。欧美及日本等地有引种。素有“花王”之美誉，有两千多年的栽培历史及近千个栽培品种。淮安市多栽植于庭前屋后，集中栽植的多为油用牡丹“凤丹”。

蕈树科 Altingiaceae

枫香树 *Liquidambar formosana*

形态特征：落叶乔木。株高可达 35 m。叶薄革质，阔卵形，掌状 3 裂，中裂片较长，先端尾状渐尖，两侧裂片平展，下面有短柔毛，后变无毛，基部心形，边缘有锯齿，掌状脉 3 ～ 5 条。果序圆球形，木质，有宿存花柱及针刺状萼齿。花期 3 月，果期 10 月。

习性用途：喜光，速生，寿命长，可成大材。宜生长于肥沃湿润土壤。木材红褐色或浅红褐色，纹理交错，结构细、易加工，易翘裂，经干燥处理后耐腐，可做箱板、包装箱、茶盒、砧板、家具等用材。

种质资源：淮安市常见园林植物，用于公园和道路绿化。

金缕梅科　Hamamelidaceae

蚊母树　*Distylium racemosum*

形态特征： 常绿灌木或小乔木。株高可达 16 m。小枝和芽有盾状鳞片。叶片厚革质，椭圆形或倒卵形，顶端钝或稍圆，基部宽楔形，全缘，叶背略隆起，叶边缘和叶面常有虫瘿；总状花序长 2 cm，有星状毛；蒴果卵圆形；种子卵形。花期 3—4 月，果期 8—10 月。

习性用途： 对二氧化硫及氯有很强的抵抗力，是城市庭园及工矿区绿色观赏树种。

种质资源： 一般生于丘陵地带。分布于浙江、福建、台湾、广东、广西、湖南等地；长江中下游地区广泛栽培。苏南地区常栽培，淮安市园林绿化、道路景观与城市绿地中常见栽培。

牛鼻栓 *Fortunearia sinensis*

形态特征：落叶小乔木或灌木。株高可达 9 m。有裸芽；小枝和叶柄有星状毛。叶片纸质，倒卵形至卵状长椭圆形；雄花和两性花分别生于顶生总状花序的上部和下部，有短序梗；两性花先于或与叶同时开放。蒴果木质，卵圆形；种子，长卵形，亮褐色。花期 3—4 月，果期 7—8 月。

习性用途：木材坚韧，常用来制牛鼻栓。种子可榨油。

种质资源：分布于陕西、浙江、安徽、江西、福建、湖北、河南、四川等省。江苏丘陵山地分布较多，生于山坡杂木林中。淮安市盱眙县铁山寺国家森林公园内有野生分布，群落状态良好，结果量大，可自然更新。

檵木 *Loropetalum chinense*

形态特征：常为灌木，稀为小乔木。株高 2 ～ 12 m。小枝有锈色星状毛。叶片革质，卵形，顶端急尖，基部偏斜而圆，全缘，叶背密生星状柔毛。花期 3—4 月，果期 5—7 月。

习性用途：花繁密而美艳，多栽培用于绿化；老树桩可做盆景供观赏。根、叶、花及果入药，能解热、止血、通经活络。木材坚实耐用。

种质资源：分布于华东、华南、西南各地。日本、印度也有分布。生于山坡矮林间。淮安市有引种栽培，常见于公园和道路绿化。

红花檵木　*Loropetalum chinense* var. *rubrum*

形态特征：常为灌木，稀为小乔木。株高 2 ～ 12 m。小枝有锈色星状毛。叶片革质，卵形，顶端急尖，基部偏斜而圆，全缘，叶背密生星状柔毛。嫩枝和叶淡红色，老叶暗红色；花瓣紫红色。花期 3—4 月，果期 5—7 月。

习性用途：花繁密而美艳，多栽培用于绿化；老树桩可做盆景供观赏。根、叶、花及果入药，能解热、止血、通经活络。木材坚实耐用。

种质资源：分布于华东、华南、西南各地。日本、印度也有分布。生于山坡矮林间。淮安市有引种栽培，常见于公园和道路绿化。

银缕梅 *Parrotia subaequalis*

形态特征：落叶小乔木。株高可达 15 m。树皮灰褐色，片状剥落，新皮灰白色；芽及幼枝密被星状毛。单叶，互生；叶片薄革质，倒卵形或椭圆状倒卵形。短穗状花序生于侧枝顶端或腋生；先叶开放；无花瓣。花丝丝状，盛花期多下垂。蒴果近圆形。种子狭纺锤形，褐色，有光泽。花期 3—4 月，果期 8—10 月。

习性用途：树姿婆娑，树皮纹饰美观，秋季叶为紫红色和黄色，是优良的观赏树种。

种质资源：产于宜兴市，生于山坡林中。分布于浙江省（安吉）、安徽省（金寨、绩溪、舒城）、江西省（庐山）。珍贵树种，为国家Ⅰ级重点保护野生植物。淮安市银缕梅以小种群的形式分 2 处异地保存于盱眙县，分别为盱眙县铁山寺国家森林公园与第一山国家森林公园。盱眙县铁山寺国家森林公园现保存银缕梅 7 株，平均株高 3.1 m，平均冠幅 1.5 m，平均胸径 7.8 cm；最大植株株高 3.5 m，冠幅 2.0 m，胸径 13.5 cm；最小植株株高 2.0 m，冠幅 1.0 m，胸径 3.8 cm；生长状态良好，开花结果正常且结实率较高。第一山国家森林公园现保存银缕梅 20 株，平均株高 5.0 m，平均冠幅 3.8 m，平均胸径 9.7 cm；最大植株株高 6.5 m，冠幅 5.5 m，胸径 17.2 cm；最小植株株高 3.0 m，冠幅 2.0 m，胸径 2.4 cm；居群尚未见开花结果。

葡萄科 Vitaceae

五叶地锦（五叶爬山虎） *Parthenocissus quinquefolia*

形态特征： 木质藤本。小枝无毛；嫩芽、幼枝红色或淡红色；幼时顶端尖细而卷曲，后遇附着物时扩大成吸盘。叶为掌状五出复叶；小叶片倒卵圆形、倒卵状椭圆形或两侧小叶片椭圆形，先端短尾尖，基部楔形或宽楔形，边缘有粗锯齿，两面无毛或叶背面沿脉微被柔毛。花期 6—7 月，果期 8—10 月。

习性用途： 秋季叶片红色或橙色，为优良的城镇垂直绿化植物。

种质资源： 原产于北美洲东部。全国各地有栽培，江苏各地庭园常见栽培，偶见逸生。淮安市公园内常见绿化树种。

葡萄 *Vitis vinifera*

形态特征： 木质藤本。小枝无毛或疏被柔毛。叶片宽卵圆形。聚伞圆锥花序密集，近无毛或疏被蛛丝状绒毛。浆果圆球状或椭圆球状，直径约 2 cm，成熟时紫红色或紫黑色，常被白粉。种子倒卵球状。花期 4—5 月，果熟期 8—9 月。

习性用途： 为著名水果，果实除生食外，还可酿酒、制葡萄干和葡萄汁等。种子可榨取葡萄籽油，供食用或工业用。果实、根、藤和叶均可药用，功效多样。花期也为蜜粉源。

种质资源： 原产于亚洲西南部和欧洲东南部。我国引进栽培历史悠久。江苏各地普遍栽培。淮安市有收集保存种质，盱眙县多个企业引进“阳光玫瑰”“夏黑”等品种生产应用。

豆科　Fabaceae

合欢　*Albizia julibrissin*

形态特征：落叶乔木。株高可达16 m，胸径达50 cm。树皮褐灰色，不裂或浅纵裂。小枝褐绿色，具棱。皮孔黄灰色，明显。小叶镰状长圆形，先端尖，基部平截，中脉紧靠上缘，叶缘及下面中脉被柔毛。花淡红色。果带状，先端尖，基部呈短柄状，淡黄褐色。花期6—7月，果期9—10月。

习性用途：喜光，能萌芽，速生。对土壤要求不严。木材纹理直，干燥开裂，耐水湿，供家具、农具、室内装饰、工艺品用。树皮含鞣质，可提制栲胶。

种质资源：常见园林植物，淮安市有引种栽培，用于公园和道路绿化。

紫穗槐 *Amorpha fruticosa*

形态特征：丛生落叶灌木。株高1～4 m。茎皮褐色；幼枝密被白色短柔毛，后脱落。小叶片卵形、椭圆形或披针状椭圆形。穗状花序数个，集生于枝条上部叶腋，花冠紫色，旗瓣心形，没有翼瓣和龙骨瓣。荚果扁，镰状长圆形，下垂，弯曲，棕褐色，有凸起的疣状腺点。花果期5—10月。

习性用途：嫩枝及叶饲用，是优良的绿肥植物。枝条可编制篓筐；茎皮可提制栲胶；果实可提芳香油，做调香原料；种子榨油，可做油漆和润滑油的原料。抗性强并具根瘤菌，可作为改良土壤、防风固沙和水土保持植物。叶可祛湿消肿；叶的提取液和种子粉末对害虫有毒杀活性的防治效果。花期为蜜粉源。

种质资源：原产于北美洲东部。我国东北、华北以及山东、河南、安徽、湖北、四川等地广为栽培。江苏有栽培，偶有逸生。淮安市既有野（次）生分布，也常在四旁绿化、园林绿化、道路景观与城市绿地中栽培应用。

紫荆 *Cercis chinensis*

形态特征：灌木。株高 2 ～ 5 m。小枝灰白色，具皮孔，无毛。叶片纸质，近圆形，顶端急尖，基部心形，两面无毛，叶缘膜质透明；叶柄无毛。花先于叶开放；4 ～ 10 朵簇生于老枝上。花期 4—5 月，果熟期 8—10 月。

习性用途：树皮和木材有解毒、消肿、破瘀血等功效；树皮和花柄用作外科疮疡药。是早春观花树种。

种质资源：野生分布于华北、华东、西南、华南以及辽宁、陕西、甘肃等地。淮安市有引种栽培，常见于公园、道路和庭院绿化。

湖北紫荆（巨紫荆） *Cercis glabra*

形态特征：乔木。株高可达 20 m。树皮和小枝灰黑色；幼枝暗紫色，无毛，皮孔淡灰色。叶片厚纸质或近革质，心形或近圆形，先端短尖，基部浅心形至深心形，叶背无毛或基部脉腋间被淡褐色簇生毛。总状花序，淡紫红色或粉红色，先叶开放。荚果扁平狭长圆形。花期 4 月，果熟期 9—11 月。

习性用途：为优良的早春观花树种，也可做行道树。

种质资源：分布于陕西、甘肃、安徽、浙江、广东、广西、四川、贵州、云南等省（区）。淮安市有引种栽培，应用于公园、道路和庭院绿化。

黄檀 *Dalbergia hupeana*

形态特征：乔木。株高 10 ～ 17 m。树皮灰色，呈薄片状脱落；幼枝无毛，浅绿色。羽状复叶，有小叶 9 ～ 11 枚；小叶片长圆形或宽椭圆形，顶端钝，微缺，基部圆形或宽楔形，两面无毛，网状脉明显；圆锥花序顶生或生于上部叶腋间；花序梗和花柄有锈色疏毛。花果期 7—10 月。

习性用途：木材黄色或黄褐色，坚韧致密，可做各种负重力及拉力强的用具及器材；树皮纤维为人造棉及造纸原料。种子可榨油，供制皂。根、树皮和叶药用，有清热解毒、消肿的功效。

种质资源：分布于华中、西南以及山东、广东、广西等地。生于山林、灌木丛中或多石山坡、山沟溪旁。淮安市有引种栽培，常见于公园绿化。盱眙县铁山寺国家森林公园内有黄檀园。

皂荚 *Gleditsia sinensis*

形态特征：落叶乔木。株高可达 30 m，胸径达 1.2 m。树皮灰褐至灰黑色，粗糙不裂。分枝刺长达 16 cm。叶常簇生，一回羽状复叶。小叶 3 ～ 9 对，卵形、倒卵圆形或长圆状卵形，网脉明显。总状花序细长。果长 12 ～ 35 cm，直或弯曲。花期 4—5 月，果期 10 月。

习性用途：稍喜光，深根性，喜深厚、湿润、肥沃土壤，稍耐干瘠。寿命长，可达 600 ～ 700 年。木材坚硬，为车辆、家具优良用材。

种质资源：淮安市常见乡土、园林植物，用于公园和四旁绿化。有古树名木种质 8 株，其中淮阴区 3 株，涟水县 2 株，盱眙县 2 株，金湖县 1 株。最大树龄 125 年，3 株，分布保存于淮阴区张圩小学、涟水县梁岔镇士流村（原涟西北校院内）和涟水县高沟镇杨口居委会；最大树高 25.2 m，保存于涟水县杨口居委会；最大胸径 55 cm，保存于涟水县梁岔镇士流村。

中华胡枝子 *Lespedeza chinensis*

形态特征：小灌木。株高可达 1 m。全株有贴伏白色绒毛，幼嫩时尤多。羽状复叶具 3 小叶；小叶片倒卵状长圆形或长椭圆形。总状花序腋生，长不超出叶，少花。花冠白色。荚果扁，卵圆形。花果期 8—10 月。

习性用途：全株及根有清热解毒、宣肺平喘、截疟、祛风除湿的功效。嫩枝叶可做饲料。

种质资源：分布于华东、华中以及广东、四川、台湾等地。苏南地区生于路边、草丛、林缘或灌丛中。淮安市有野生种质，在盱眙县铁山寺国家森林公园有零星分布。

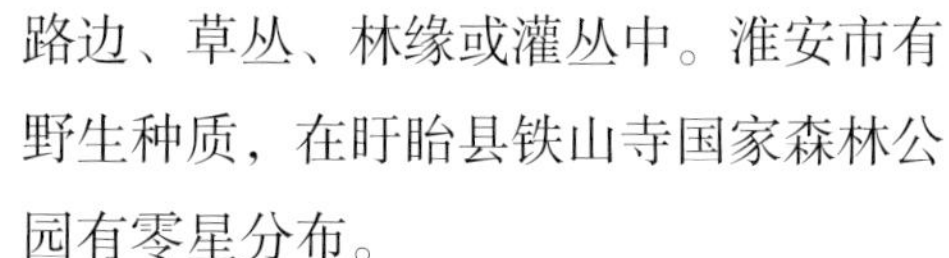

截叶铁扫帚 *Lespedeza cuneata*

形态特征：多年生草本或直立亚灌木。株高 30 ～ 100 cm。茎直立或斜升，分枝有白色短柔毛。羽状复叶具 3 枚小叶，小叶片楔形或线状楔形。总状花序腋生，花冠白色或淡黄色，旗瓣基部有紫斑，翼瓣、旗瓣近等长，密被毛，龙骨瓣稍长，先端带紫色。荚果细小，斜卵形或近圆形，稍有毛。花果期 6—10 月。

习性用途：根及全株药用；嫩叶可蔬食；枝可做扫帚；花期为蜜源。为草、料兼用的饲用植物，也可做绿肥；还是荒山绿化和水土保持植物，并为铅锌污染土壤的修复植物。

种质资源：分布于华东、华中、西南以及陕西、甘肃、广东、台湾等地。江苏各地普遍野生，生于山坡或路旁空旷杂草丛。淮安市有野生种质，在盱眙县铁山寺国家森林公园有零星分布。

美丽胡枝子 *Lespedeza thunbergii* subsp. *formosa*

形态特征：亚灌木。株高 1 ～ 2 m。小叶片叶面被短柔毛或几无毛。花冠长为花萼的3至4倍，萼齿近等于或稍短于萼筒。花期7—9月，果期9—10月。

习性用途：根系发达，耐干旱，是防风固沙及水土保持植物，也为优良饲料。花期为蜜粉源，并可栽培供观赏。根皮及叶可提制栲胶，枝可编筐，茎皮纤维为人造棉原料。嫩叶代茶，有“随军茶”之称。根、茎、叶药用，有清热润肺、利水通淋的功效。

种质资源：分布于安徽、浙江、江西、福建、台湾、广东、广西等地。生于山坡林缘或灌丛中。淮安市有野生种质，在盱眙县铁山寺国家森林公园有零星分布。

葛（野葛） *Pueraria montana* var. *lobata*

形态特征： 粗壮木质藤本。茎可长达 10 m 以上。全体被黄褐色长硬毛。块根肥厚。羽状复叶具 3 枚小叶，顶生小叶片菱状卵形。总状花序长 15 ～ 30 cm，中上部有密集的花；花冠紫红色。荚果扁平，长椭圆形。花期 8—9 月，果期 9—10 月。

习性用途： 块根富含淀粉，可制葛粉，为滋补品，也可酿酒；茎皮纤维供织布、制绳和造纸；种子油可做机械润滑油；叶为优质饲料。根和花为中药，有解表退热、生津止渴、止泻的功效。

种质资源： 除新疆、西藏两地外分布几遍全国。生于江苏各丘陵山区山坡或疏林中。淮安市有野生种质，在盱眙县铁山寺国家森林公园有分布。

刺槐（洋槐） *Robinia pseudoacacia*

形态特征： 乔木。株高可达 25 m。皮褐色，交叉纵裂。小枝褐色，小叶卵形或长圆形，先端圆或微凹，具芒刺，基部圆形或宽楔形。花冠白色，芳香。果深褐色。种子扁肾形，褐绿色或黑色。花期 4—5 月，果期 9—10 月。

习性用途： 喜光，耐干瘠。速生。根蘖性强，易繁殖。木材坚韧，有弹性，耐腐，适用于一般建筑、水中工程和器具材。花可食及提制香精，为优良蜜源。农村用作薪材、肥料、饲料。

种质资源： 常见造林绿化植物，用于四旁、公园和道路绿化。野生分布，经长期栽培，已归化，多为种子传播。古树名木种质 2 株，树龄分别为 157 年和 105 年，分布于涟水县朱码街道殷庄村和盱眙县第一山林场。

伞房决明 *Senna corymbosa*

形态特征：落叶灌木。株高 0.8 ～ 2 m。枝圆柱形，具稍凸起的淡褐色皮孔。偶数羽状复叶，长卵状披针形。伞房或总状花序顶生或腋生，花冠黄色，近辐射对称，花瓣卵圆形，先端微凹。荚果圆柱状。种子椭圆形，棕色。花期7—10 月，果期 12 月。

习性用途：生长旺盛、适应性强、花色艳丽、花期长（可达 3 ～ 4 个月），可做园林观赏植物，适于丛植或群植，亦用于护坡固土、防止水土流失。

种质资源：原产于南美阿根廷等地。1985 年引入中国，大约于 1994 年引入江苏。现中国和世界热带和亚热带地区广为栽培。淮安市园林绿化、居民小区与城市绿地中有栽培。

槐（国槐） *Styphnolobium japonicum*

形态特征：落叶乔木。株高可达 25 m。树皮灰黑色，块状深裂。无顶芽，侧芽为叶柄下芽。小枝光绿色，有淡黄褐色皮孔。小叶长卵形，先端尖，被平伏毛。花冠黄白色。荚果近圆筒形，念珠状缢缩，黄绿色，肉质，含胶质，不裂。种子肾形，黑褐色。花期 6—8 月，果期 9—10 月。

习性用途：喜光而稍耐阴，根深而发达。抗风，也耐干旱、瘠薄，尤其能适应土壤板结等不良环境条件，但在低洼积水处生长不良。对二氧化硫和烟尘等污染的抗性较强。木材黄褐色，耐水湿，供建筑、车辆、农具、雕刻用。花做黄色染料，为优良蜜源树。

种质资源：淮安市常见乡土园林植物，公园绿化和道路景观常用树种。全市有古树种质 10 株，分别保存于清江浦区、淮阴区、淮安区、涟水县、金湖县和盱眙县。其中二级古树 2 株，三级古树 8 株。最大树龄约 400 年，保存于涟水县大东镇皇圩村。最大树高 16.8 m，最大胸径 102 cm。

紫藤 *Wisteria sinensis*

形态特征：大型藤本。长可达 20 m。茎左旋；嫩枝被白色柔毛。羽状复叶，有小叶 7 ~ 13 枚；小叶纸质，卵状长圆形至卵状披针形。总状花序出自去年短枝的腋芽或顶芽，腋生或顶生，下垂。花期 3—4 月，果期 5—8 月。

习性用途：观赏价值极高，用于庭院美化或制作盆景。茎和茎皮有利水、除痹、杀虫的功效；根和种子也可药用。茎皮坚韧，可用于缚物或编织；茎皮纤维还可做人造棉及编织物的原料。花含芳香油，其浸膏可作为调香原料。果荚、种子和茎皮有小毒。

种质资源：分布于华东、华中以及河北、山西、陕西、广西等地。生于山坡林下或路边灌丛中。淮安市有引种栽培，常见于公园和庭院绿化。有三级古树名木种质 2 株，树龄分别为 270 年和 158 年，保存于清江浦区清晏园和淮安区古藤园。

蔷薇科 Rosaceae

木瓜海棠（毛叶木瓜） *Chaenomeles cathayensis*

形态特征：落叶灌木或小乔木。株高可达6 m。枝条具短枝刺，小枝无毛。叶片椭圆形、披针形至倒卵状披针形，边缘有芒状尖锐细锯齿，叶面无毛，叶背密被褐色绒毛，后脱落。花先叶开放，花瓣淡红色或乳白色。果卵球状或近圆柱状，黄色，有红晕。花期3—5月，果熟期9—10月。

习性用途：果实药食兼用，入药可做中药“木瓜”的代用品。也可种植供观赏。

种质资源：分布于陕西、甘肃等省。江苏各地有栽培。淮安市公园有园林绿化应用。

日本海棠（日本木瓜） *Chaenomeles japonica*

形态特征：矮灌木。株高可达 1 m。枝条具细刺，幼时具绒毛，二年生枝条具疣状突起，无毛。叶片倒卵形、匙形或宽卵形，有圆钝锯齿。花 3 ～ 5 朵簇生，花瓣砖红色，倒卵形或近圆形。果近球状，黄色。花期 3—6 月，果熟期 8—10 月。

习性用途：果实可做“木瓜”代用品。可种植供观赏，也可作为果树砧木。木材坚硬细致、材质优良。供观赏，有白花、斑叶和平卧等品种。

种质资源：原产于日本。江苏各地有栽培。淮安市有园林绿化应用。

贴梗海棠（皱皮木瓜） *Chaenomeles speciosa*

形态特征：落叶灌木。株高可达 2 m。小枝开展，无毛，有刺。叶片卵形至椭圆形，稀长椭圆形。花 3 ～ 5 朵簇生，先于叶或与叶同时开放。花瓣猩红色，少数淡红色或乳白色，倒卵形或近圆形。果近球状或卵球状，黄色或带红色，芳香。花期 3—5 月，果熟期 9—10 月。

习性用途：为常见的庭园绿化观赏树种。果实药食兼用。花期也为蜜粉源。

种质资源：原产于我国西南部，现全国各地都有栽培。淮安市有园林绿化应用。

野山楂 *Crataegus cuneata*

形态特征：落叶灌木，有时乔木状。株高可达 1.5 m。分枝密，有细刺，嫩枝有柔毛，老枝无毛。叶片宽倒卵形或倒卵状长圆形，叶面无毛，叶背及叶柄疏生柔毛，后脱落；花白色，花瓣近圆形或倒卵形；果红色或黄色，近球状或扁球状。花期 5—6 月，果熟期 9—11 月。

习性用途：果实有健脾消食、活血化瘀的功效；种子可药用，功效同“山里红”；叶、茎和根也可药用。果实可生食、酿酒或制果酱、果糕、蜜饯。嫩叶可代茶。

种质资源：分布于陕西、河南、安徽、浙江等省。产于江苏各地，生于山地灌丛中。淮安栽培利用多用于屋前房后，少数用于公园绿化。

山楂 *Crataegus pinnatifida*

形态特征：落叶乔木。株高可达 6 m。小枝无毛，有短刺或无。叶片宽卵形或三角状卵形，先端短渐尖，基部截形或宽楔形，边缘有不规则锐锯齿，叶背沿叶脉或脉间有柔毛。伞形花序具多花；花序梗、花柄都有长柔毛。果深红色，近球状，外面有斑点。花期 5—6 月，果熟期 9—10 月。

习性用途：为绿化和美化环境的优良树种，用于园林或盆栽；也可作为水土保持树种或嫁接砧木。果实是优良鲜食果品，可生食，也可加工成果酱、果糕、果酒、饮料等；亦可药用，有消食积、化滞瘀的功效，还具有降压、降脂、防癌等多种作用。花做茶饮，可降血压。果皮含鞣质。

种质资源：分布于东北、华北以及陕西、山东、河南、安徽等地。生于山坡林缘或灌丛中。淮安市有引种栽培，常见于公园和道路绿化。

枇杷 *Eriobotrya japonica*

形态特征：常绿小乔木。株高可达 10 m。小枝粗壮，黄褐色，密生锈色或灰棕色绒毛。叶片革质，披针形、倒披针形、倒卵形或椭圆状长圆形，先端急尖或渐尖，基部楔形或渐狭成叶柄，上部边缘有疏锯齿，基部全缘，上面光亮，多皱，下面密生灰棕色绒毛。果实球形或长圆形，黄色或橘黄色。花期 10—12 月，果期 5—6 月。

习性用途：喜光，稍耐阴，喜肥水湿润、排水良好的土壤，稍耐寒，不耐严寒，生长缓慢。

种质资源：淮安市常见园林植物，公园绿化和道路景观常用树种。

棣棠（棣棠花） *Kerria japonica*

形态特征： 灌木。株高可达 3 m。小枝绿色，无毛，幼时有棱。叶片三角状卵形、卵形或卵状披针形，边缘具重锯齿。花单生于当年生侧枝顶端。花瓣黄色，宽椭圆形或近圆形，先端微凹。瘦果侧扁，倒卵状或半圆球状，成熟时褐色或黑褐色，无毛，有皱褶。花期 4—6 月，果期 7—8 月。

习性用途： 根萌蘖性强，能自然更新，喜半阴，喜温暖湿润气候，耐寒性不强。赏花灌木，枝、叶和花俱美。花、叶和根有祛风止痛、解毒消肿、化痰止咳等功效；茎髓可作为“通草”代用品入药。

种质资源： 分布于华东、华中以及甘肃、陕西等地。日本也有分布。淮安市公园多有栽培，除单瓣原种外，经常与重瓣变型种共同栽培。

重瓣棣棠 *Kerria japonica* ‘Pleniflora’

形态特征： 灌木。株高可达 3 m。小枝绿色，无毛，幼时有棱。叶片三角状卵形、卵形或卵状披针形。花重瓣，金黄色。瘦果侧扁，倒卵状或半圆球状，成熟时褐色或黑褐色，无毛，有皱褶。花期较单瓣原种稍晚而长，是优良的观赏花灌木。花期 4—6 月，果期 7—8 月。

习性用途： 根萌蘖性强，能自然更新，喜半阴，喜温暖湿润气候，耐寒性不强。赏花灌木，枝、叶和花俱美。花、叶和根有祛风止痛、解毒消肿、化痰止咳等功效；茎髓可作为“通草”代用品入药。

种质资源： 分布于华东、华中以及甘肃、陕西等地。日本也有分布。淮安市公园多有栽培，为单瓣原种的变型。

西府海棠　*Malus × micromalus*

形态特征：小乔木。株高可达 6 m。多主干，直立向上，小枝幼时有毛，不久脱落。叶片长圆形或长椭圆形。伞形总状花序，具 4 ～ 7 朵花，花瓣粉红色，圆形或长椭圆形。果近圆球状，红色或黄色带红晕。花期 4—5 月，果熟期 8—9 月。

习性用途：果实药用，有涩肠止痢的功效。果可鲜食及加工蜜饯。花期也为蜜源。

种质资源：为著名观赏花木，品种众多。分布于辽宁、河北、陕西、安徽、浙江、湖北、四川、云南等省。生于山坡丛林中。江苏各地有栽培。淮安市园林绿化、居民小区与城市绿地中常见栽培，淮阴区政府、淮安区淮城街道、金湖县运西农场等地有种植。

垂丝海棠　*Malus halliana*

形态特征：落叶乔木。株高可达 5 m。小枝紫色或紫褐色，初有毛，后脱落。叶片卵形、椭圆形至椭圆状卵形。伞房花序有花 4 ～ 7 朵，花瓣粉红色，倒卵形，基部有短爪。果倒卵球状，略带紫色。花期 3—4 月，果熟期 9—10 月。

习性用途：著名庭园观赏树种，也可盆栽。花药用，有调经活血的功效。花期也为优质蜜粉源。

种质资源：分布于辽宁、河北、陕西、安徽、浙江、湖北、四川、云南等省。生于山坡丛林中。江苏也有栽培。淮安市园林绿化、居民小区与城市绿地中常见栽培。

苹果 *Malus pumila*

形态特征：落叶乔木。株高可达 15 m。嫩枝密生绒毛，老枝紫褐色，无毛。叶片卵形、椭圆形或椭圆状长圆形。伞房花序有花 3～7 朵。花瓣倒卵形，白色，花蕾待放时带粉红色。果扁球状，两端微下凹。花期 3—4 月，果熟期 7—10 月。

习性用途：为著名果树，果可鲜食，又可制果干、果脯、果酱、果酒、果醋等；果渣可用于提制果胶。果药用，有益胃、生津、除烦、醒酒的功效；果皮和叶片也可药用。花期也为优良蜜粉源。木材可作为雕刻及细木工用材。

种质资源：人工栽培遍及全球。淮安市早期果园有栽培，现多为公园绿化使用。

红叶石楠 *Photinia × fraseri*

形态特征：常绿小乔木或灌木。株高 1 ～ 5 m，有时达 7 m。老枝光滑，灰黑色，无毛，皮孔棕黑色，早春和秋季两度萌枝，新生枝、叶呈鲜红色。叶片革质，新梢和嫩叶亮红，叶片 12 ～ 20 cm，椭圆形、长圆形或椭圆状倒卵形。花瓣白色，倒卵形。果红色，卵球状。花期 4—5 月，果熟期 9—10 月。

习性用途：庭园观赏树种。果和叶可药用，功效各异。木材坚硬致密，可做器具、船舶、车辆等用材。种子可榨油，也可酿酒。根可制栲胶。花期也为蜜源。

种质资源：为光叶石楠（*Photinia glabra*）与石楠（*Photinia serratifolia*）的杂交种。分布于安徽、浙江、福建、湖北、湖南、江西、广东、广西、四川、贵州、云南等省（区）。日本、泰国及缅甸也有分布。生于山坡杂木林中。淮安市园林绿化、居民小区与城市绿地中常见栽培。

中华石楠 *Photinia beauverdiana*

形态特征：落叶灌木或小乔木。株高可达 10 m。小枝无毛，紫褐色，有散生灰色皮孔。叶片纸质，长圆形、倒卵状长圆形或卵状披针形。复伞房花序多花；花瓣白色，卵形或倒卵状圆形，无毛。果倒卵球状，紫红色。花期 5 月，果熟期 7—8 月。

习性用途：木材结构细、耐腐性强，宜做木质器具、车轮等。也可栽植作为观赏树种。根和叶可药用，有行气活血、祛风止痛的功效；果可补肾强筋。

种质资源：分布于中南、西南以及陕西、安徽、浙江、江西等地。产于南京市、镇江市（宝华山、茅山）等地，生于山坡或山谷杂木林中。淮安市部分公园有绿化使用。盱眙县铁山寺国家森林公园有栽培种质。

石楠 *Photinia serratifolia*

形态特征：常绿灌木或小乔木。株高 6 ～ 12 m。小枝光滑，无毛。叶片革质，长椭圆形、长倒卵形或倒卵状椭圆形。复伞房花序，花多而密，顶生；花瓣白色，近圆形，内面近基部无毛。果近球状，红色，后变紫褐色。花期 4—5 月，果熟期 10 月。

习性用途：为优良绿化观赏树种，叶、花、果均有观赏价值，还可做绿篱。叶或带叶嫩枝、果和根均可药用，功效各异。枝叶的液汁可做土农药。种子可榨油。木材坚韧，有“石钢”之称，宜做车轮及器具柄。花期也为蜜粉源。

种质资源：分布于华中以及陕西、甘肃、安徽、浙江、福建、台湾、广东、广西、四川、云南、贵州等地。生于山坡杂木林中，江苏城镇中有栽培。淮安市公园多有绿化使用。

杏 *Prunus armeniaca*

形态特征：落叶乔木。株高可达 10 m。小枝无毛。叶片宽卵形至近圆形，先端急尖或短尖头，基部圆形或近心形，有圆钝锯齿，两面无毛或叶背脉腋具柔毛。花单生，先叶开放。花期 3—4 月，果期 5—7 月。

习性用途：果实酸甜，可生食，也可制杏脯、杏干和杏酱等。种仁有甜、苦之分，甜者可供食用，又可制杏仁茶和杏仁霜等；苦者有小毒，主要供药用。树皮、叶、花、果和种仁均可供药用，功效各异。种子可榨油。木材色泽鲜艳，供材用。树干可分泌胶质，作为黏结剂或赋形剂等。

种质资源：原产于亚洲西部。在我国已有 500 ～ 600 年的栽培历史。现各地广为栽培，以黄河流域为栽培中心。淮安市有引种栽培，常见于公园和道路绿化。

紫叶李 *Prunus cerasifera* f. *atropurpurea*

形态特征：落叶小乔木。株高可达 8 m。树皮紫灰色，小枝淡红褐色，整株树干光滑无毛。单叶互生，叶卵圆形或长圆状披针形，先端短尖，基部楔形，边缘具尖细锯齿，两面无毛或背面脉腋有毛，色暗绿或紫红。花叶同放，花单生或 2 朵簇生，白色，花部无毛。核果扁球形，熟时黄、红或紫色，光亮或微被白粉。花期 3—4 月，果常早落。

习性用途：优良的观花观叶植物。喜光，较耐水湿，有一定的抗旱能力。对土壤适应性强。根系较浅，萌生力较强。果实甜美，可鲜食，也可加工后食用。

种质资源：淮安市常见园林植物，公园绿化和道路景观常用树种。

郁李 *Prunus japonica*

形态特征： 灌木。株高可达 1.5 m。小枝无毛。叶片卵形或卵状披针形，花叶同放或先叶开放。花瓣白色或粉红色，倒卵状椭圆形。核果近球状，深红色；果核表面光滑。花期 5 月，果期 7—8 月。

习性用途： 种仁可做“郁李仁”，有润燥滑肠、下气利水的功效，还具有泻下和抗炎镇痛等药理作用。根可药用，有清热、杀虫、行气破积的功效。果可食及供酿酒。花期也为蜜粉源。

种质资源： 分布于东北以及河北、山东、浙江、福建、江西等地。生于山坡或灌丛中。淮安市在盱眙县有野生种质。

梅 *Prunus mume*

形态特征：小乔木，稀灌木。株高可达 8 m。小枝绿色，无毛。叶片宽卵形至椭圆形，先端尾尖，基部宽楔形或近圆形，边缘有细密锯齿。花单生或 2 朵簇生，先叶开放，花瓣白色、红色、淡红色或淡绿白色。花期 2—3 月，果期 5—6 月。

习性用途：根、梗、叶、花及花蕾、果和种仁等均可药用，功效各异。为重要的园林观赏树种，可露地栽培，亦可盆栽或制作盆景。木材坚韧并有弹性，可作为细木工用材。

种质资源：全国各地栽培历史悠久，以长江以南为中心。淮安市有引种栽培，常见于公园和道路绿化。

桃 *Prunus persica*

形态特征：小乔木。株高可达 8 m。小枝无毛；冬芽被柔毛，2 或 3 个簇生。叶片卵状披针形或椭圆状披针形，有时为倒卵状披针形，先端渐尖，基部楔形，边缘具单锯齿，较钝，叶面无毛，叶背在脉腋具少数短柔毛或无毛。核果卵球状、圆球状或长圆球状，外有茸毛。花期 3—4 月，果期 6—9 月。

习性用途：可做观赏树种或盆景。桃核可雕刻成各种工艺品，也可制活性炭。桃胶为工业原料，可代替阿拉伯胶。木材坚实细致，色泽鲜艳，可作为加工用材。

种质资源：原产于中国北部及中部地区，现全国各地普遍栽培。淮安市常见经济林，也用于园林绿化。

樱桃 *Prunus pseudocerasus*

形态特征：小乔木。株高可达 5 m。树皮灰白色，小枝灰褐色，幼枝绿色。叶片宽卵形至椭圆状卵形。花序伞房状或近伞形，先叶开放。花瓣白色或淡粉红色，卵形。核果近球状，红色。花期 3—4 月，果期 5 月。

习性用途：果实为著名水果。果实除鲜食外还可制作果酱、果酒、果汁、蜜饯及罐头等。果实、果汁、果核、叶、枝、根、花均可药用，功效各异；果实富含铁元素，居各种水果之首。木材致密坚硬，可材用。花期早且蜜粉多，为价值较高的蜜粉源植物。

种质资源：分布于河北、山西、陕西、甘肃、山东、安徽、浙江、江西、贵州、四川、广西等省（区）。淮安市淮安区范集镇建有果园。

李（李树） *Prunus salicina*

形态特征：乔木。株高可达 12 m。老枝紫褐色；小枝黄红色；冬芽红紫色。叶片倒卵形至椭圆状倒卵形或长圆状披针形，先端渐尖、急尖或短尾尖，基部楔形，有细钝的重锯齿。花常 3 朵簇生，先叶开放。花瓣白色。核果卵球状，熟时绿色、黄色或紫红色。花期 3—4 月，果熟期 7—8 月。

习性用途：为温带重要果树之一，果实除生食外，还可加工成果脯、果干、果酒或罐头等。果实、根、根皮、叶、树胶、种子和花均可药用，功效各异。可作为庭园绿化树种，观花或观果均宜。木材结构细且较坚硬，可材用。树干分泌胶质，可用作黏结剂或赋形剂。

种质资源：分布于华东、华中以及山西、陕西、甘肃、四川、贵州、云南、广西等地。淮安市有引种栽培，常见于公园和道路绿化。

日本晚樱 *Prunus serrulata* var. *lannesiana*

形态特征：落叶乔木。株高 4 ～ 16 m。树皮灰色，小枝淡紫褐色，无毛，嫩枝绿色，被疏柔毛。叶片椭圆状卵形或倒卵形，先端渐尖或骤尾尖，基部圆形，稀楔形，边有尖锐重锯齿，齿端渐尖，上面深绿色，无毛，下面淡绿色。花期 4 月，果期 5 月。

习性用途：喜光，不耐阴湿，不耐盐碱，忌水涝，耐寒，耐旱。

种质资源：淮安市常见园林植物，公园绿化和道路景观常用树种。常见栽培品种有关山樱（*Prunus serrulata*‘Kanzan’），少见品种有黄绿色郁金樱（*Prunus serrulata*‘Grandiflora’）。

木瓜 *Chaenomeles sinensis*

形态特征：小乔木。株高 5 ～ 10 m。叶片椭圆状卵形或椭圆状长圆形，稀倒卵形。果实长椭圆形，暗黄色，木质，味芳香，果梗短。花期 4 月，果期 9—10 月。

习性用途：对土质要求不严，不耐阴，常见栽培供观赏，栽植地可选择避风向阳处。木材坚硬可做床柱。

种质资源：淮安市常见乡土园林植物，公园绿化和道路景观常用树种。有栽培利用种质和古树名木种质。全市有古树种质 2 株，保存于盱眙县、金湖县。最大树龄约1020年，最大树高11 m，最大胸径63 cm，保存于盱眙县铁山寺林场，开花结实状态良好。

火棘 *Pyracantha fortuneana*

形态特征：常绿灌木。株高可达3 m。侧枝短，先端刺状，幼时被锈色柔毛，老时无毛。叶片倒卵形或倒卵状长圆形，顶端圆或微凹，或有短尖头，基部渐狭，下延，边缘有钝锯齿，两面无毛。复伞房花序。果近球状，深红色或橘红色。花期3—5月，果熟期8—11月。

习性用途：普遍栽培于园林中，也可用于制作盆景。具有良好的水土保持作用。果实、根和叶药用，功效各异；果实提取物还具有多种保健以及美白护肤作用。果实可生食或制成果汁、果酒、果酱及果茶等，还可用于提制红色素、黄色素或果胶，也可做饲料。种子磨粉可代粮，也可制成饼干、糕点等。根皮和茎可提制栲胶。

种质资源：分布于华中、西南以及陕西、浙江、福建、广西等地。生于山地阳坡灌丛中或河边。淮安市有引种栽培，常见于公园和道路绿化。

杜梨（棠梨） *Pyrus betulifolia*

形态特征：落叶小乔木。株高可达 10 m。有枝刺。叶卵圆形或长卵形，长 4 ～ 8 cm，先端渐尖，基部圆形至宽楔形，边缘有锐锯齿，齿尖无刺毛，两面无毛。叶柄长 2 ～ 4 cm。花白色，直径 2 ～ 2.5 cm。花期 4 月，果期 8—9 月。

习性用途：喜光，稍耐阴，不耐寒，耐干旱、瘠薄，对土壤要求不严。深根性，具抗病虫害能力，生长较慢。木材用于雕刻、工具柄、算盘、纺织木梭、玩具、乐器、镜框等，亦可做沙梨的砧木。

种质资源：淮安市常见乡土园林植物，公园绿化和道路景观常用树种。有栽培利用种质和古树名木种质。淮安市有古树种质 10 株，分别保存于洪泽区、盱眙县。最大树龄 215 年，最大树高 26 m，最大胸径 90 cm。

豆梨 *Pyrus calleryana*

形态特征：落叶小乔木。株高可达 8 m。小枝粗壮，圆柱形。叶宽卵形或卵形，长 4 ～ 8 cm，宽 3 ～ 6 cm，先端渐尖，基部宽楔形至近圆形，边缘有细钝锯齿，两面无毛。花序柄、花柄无毛。花白色，6 ～ 12 朵。果直径 1 ～ 1.5 cm。花期 4 月，果期 8—9 月。

习性用途：喜光，稍耐阴，不耐寒，耐干旱、瘠薄，对土壤要求不严。深根性，具抗病虫害能力，生长较慢。木材用于高级家具、雕刻、面板等，亦可做西洋梨的砧木。果实可酿酒，有健脾消食、涩肠止痢的功效；果实、叶、枝、根和根皮均可入药。

种质资源：分布于华东、华中以及广东、广西等地。野生分布于江苏丘陵地区的山地杂木林中。淮安市常见乡土园林植物，公园绿化和道路景观常用树种。

沙梨　*Pyrus pyrifolia*

形态特征：乔木。株高可达 15 m。嫩枝及叶片的两面、叶柄、花序梗、花柄幼时都有长柔毛，后脱落。叶片卵状椭圆形或卵形。伞形总状花序，花瓣白色，卵形，先端啮齿状。果近圆球状，浅褐色，有浅色斑点。花期 4 月，果熟期 8 月。

习性用途：果实可生食或制成罐头、果脯等。果实、果皮、花、叶、枝、树皮和树皮灰、根均可药用。木材可用于制作优良家具、雕刻面板等。花期也为优质蜜粉源。

种质资源：分布于华东、华中以及河北、陕西、广东、广西、四川、贵州、云南等地。连云港市、邳州市、泗阳县等苏北地区有栽培。淮安市园林绿化与城市绿地中常见栽培。

石斑木　*Rhaphiolepis indica*

形态特征：常绿灌木，稀小乔木。株高可达 4 m。小枝幼时被褐色绒毛。叶片卵形或长圆形，稀倒卵形或长圆状披针形。圆锥花序或总状花序，顶生；花瓣白色或淡红色，倒卵形或披针形。果实圆球状，成熟时紫黑色。花期4—5月，果熟期 7—8 月。

习性用途：木材带红色、坚韧，可做器物等。果实可食。常栽植供观赏。

种质资源：分布于华东以及湖南、贵州、广东、广西、海南、台湾等地。淮安市园林绿化与城市绿地中偶见栽培。

木香花 *Rosa banksiae*

形态特征：落叶或半常绿攀缘状灌木。株高可达 6 m。小枝具皮刺，与叶面、花柄及萼片外侧均无毛。复叶具小叶 3 ～ 5 枚；小叶片椭圆状卵形或长圆状披针形，先端急尖或稍钝，基部近圆形或宽楔形，边缘有细锯齿，叶背沿中脉被柔毛。伞形花序，顶生。花期 4—5 月，果熟期 8—9 月。

习性用途：芳香、花期长，是重要的园林观赏树种，可做凉亭、棚架等垂直绿化。花可提制芳香油，供配制香精和化妆品；还可用于熏茶，或腌渍后制成糖糕。根和叶有涩肠止泻、解毒、止血的功效。根皮可提制栲胶。

种质资源：分布于四川省和云南省。江苏各地有栽培。淮安市有引种栽培，常见于公园绿化和庭院景观。

月季花 *Rosa chinensis*

形态特征：常绿或半常绿直立灌木。株高 1 ～ 2 m。干、枝粗壮，具钩状皮刺或无皮刺，小枝无毛或近无毛。复叶，有小叶 3 或 5 枚；小叶片宽卵形或卵状长圆形，先端长渐尖或渐尖，基部近圆形或宽楔形，边缘有锐锯齿，两面近无毛；顶生小叶有长柄，侧生小叶近无柄。花数朵集生枝端或叶腋，稀单生。花期 4—9 月，果期 6—11 月。

习性用途：著名的园林观赏花灌木，也可做切花或盆栽花卉。花可提取芳香油，为化妆品或食用香精原料。根、叶、花均可药用。也可食用、泡酒或加工成干花工艺品。根和茎可提制栲胶。

种质资源：原产于中国，各地普遍栽培。江苏各地常见栽培，现为淮安市市花。淮安各处可见，常见于公园、道路和庭院绿化。其中，月季园收集保存数量最大，多数来自欧洲，为英国、法国及德国的园艺公司选育品种，品种特性以观赏性、抗逆性、无病虫害为主要特征，保存方式全部为植株，繁殖方式为无性繁殖，包括扦插和嫁接。品种种质共有 192 份，其中，适宜推广利用的品种 30 个。种质资源具体信息如下：

※ 品种名：艾弗的玫瑰

选育单位：英国 Peter Beales 月季公司

选育年份：2006 年

形态特征：浅杯状古典花型，樱桃红至深红粉色（花瓣背面深粉色），花大饱满，有轻度至浓郁香味，大簇成群盛开。叶面光滑，深绿色。枝条粗壮，略呈拱形弯曲状。

生态特性：耐寒、耐热、抗病性强。

※ **品种名：奥秘**

选育单位：法国戴尔巴德月季公司

选育年份：2007 年

形态特征：丰花灌木，淡紫色的花瓣上略带紫红色条纹，重瓣杯状花型，花朵较小，集群式开放，多季节重复性开花，中香。

生态特性：勤花、耐寒性好。

※ **品种名：蓝色梦想**

选育单位：英国 Peter Beales 月季公司

选育年份：2007 年

形态特征：灌木月季，淡紫色或紫色混色，逐渐变为令人惊艳的石板蓝色，杯状半重瓣花型，花朵较小，集群式开放，多季节重复性开花，无香至微香。

生态特性：耐阴、耐寒、耐贫瘠土壤。

※ **品种名：无名的裘德**

选育单位：英国奥斯汀月季公司

选育年份：1995 年

形态特征：丰花灌木月季，株型紧凑，重瓣花型，花中间为杏黄色，边缘浅黄色，花香馥郁，散发水果香混合了番石榴和白葡萄酒香味，非常香甜。

生态特性：植株生长强健且非常抗病、耐旱性强。

※ 品种名：权杖之岛

选育单位：英国奥斯汀月季公司

选育年份：1997 年

形态特征：杯状大花，露出黄色的花蕊，柔粉色的外侧花瓣会逐渐褪至浅粉色，浓郁的没药香味，株型紧凑饱满，开花自由且持续不断。

生态特性：抗病、耐寒。

※ 品种名：美妙绝伦

选育单位：英国 Peter Beales 月季公司

选育年份：2004 年

形态特征：丰花灌木，奶黄色的花朵，具浓郁的八角、甘草香味，球杯状古典花型，中等大小，小簇单枝开放。叶片有光泽，较稠密，植株中等高度，茂密紧凑。

生态特性：勤花、耐热、耐寒、抗病性强。

※ 品种名：达梅思

选育单位：法国戴尔巴德月季公司

选育年份：2002 年

形态特征：杯状大花，花瓣为粉色泛杏色晕，重瓣度高，具浓郁的水果香味，植株矮壮，生长速度中等，多季节重复盛开。

生态特性：耐热、抗病性强。

※ 品种名：莫利纳尔玫瑰

选育单位：法国戴尔巴德月季公司

选育年份：2008 年

形态特征：花瓣为贝壳粉色，背面浅粉色，杯状重瓣花型，花朵集群式开放，散发中度到浓烈的果香、紫罗兰花香。叶片深绿有光泽，植株性状强健，生长速度快。

生态特性：耐热、抗病性强。

※ 品种名：庞巴度玫瑰

选育单位：法国戴尔巴德月季公司

选育年份：2011 年

形态特征：灌木，粉色花朵，中心颜色更深一些，拥有浓郁的玫瑰香味，中大型花朵，莲座状花朵非常饱满而富贵，多季节持续开花，且植株挺立性好。

生态特性：生长势好、抗病性强。

※ 品种名：本杰明布里顿

选育单位：英国奥斯汀月季公司

选育年份：2001 年

形态特征：鲜艳的橙红色逐渐转变为鲜艳的淡粉色，深杯状花开放为浅杯状的莲座状，香味浓郁。植株整体生长速度快且健康，重复开花性好。

生态特性：勤花、抗病性强。

※ 品种名：玛丽罗斯

选育单位：英国奥斯汀月季公司

选育年份：1983 年

形态特征：灌木，重瓣，花朵莲花状且为艳粉色，拥有古典月季香味，并含有蜂蜜和杏仁的香味。多季节持续开花，生长势好，开花较早。

生态特性：勤花、耐寒、抗病性强。

※ 品种名：洛特二百年

选育单位：法国洛特月季公司

选育年份：2003 年

形态特征：小型灌木，深红色花朵，有绒光，香味较浓郁，中型花，四季勤开。

生态特性：生长势强、抗病性强。

※ 品种名：福斯塔夫

选育单位：英国奥斯汀月季公司

选育年份：1990 年

形态特征：藤本月季，硕大的深红色杯状花朵，中心包裹了无数的小花瓣，花朵刚开放时是鲜艳的深红色，最终转变为艳紫色，具浓郁的古典月季香味。

生态特性：枝干强健，勤花、抗病性强。

※ **品种名：詹姆斯高威**

选育单位：英国奥斯汀月季公司

选育年份：2000 年

形态特征：藤本月季，花朵中心是温和的粉色，边缘为浅粉色，花瓣紧凑。植株强健、生长速度快且抽枝健壮，枝条几乎无刺。

生态特性：勤花、耐寒、耐晒、抗病性强。

※ **品种名：诗人的妻子**

选育单位：英国奥斯汀月季公司

选育年份：2014 年

形态特征：黄色杯状花朵，花朵颜色边缘略浅，具有非常浓郁的水果香味。植株矮而胖，非常适合盆栽、花境边缘种植，重复开花性好。

生态特性：勤花、耐寒、抗病性强。

※ **品种名：红色达芬奇**

选育单位：法国玫兰月季公司

选育年份：2005 年

形态特征：丰花灌木月季，四等分莲座状花型，花朵小簇聚群开放，花色为深红色，高度重瓣，具中度香味，叶片深绿有光泽。植株健康，充满活力。

生态特性：勤花、耐热、耐寒、抗病性强。

※ **品种名：灰姑娘**

选育单位：德国科德斯月季公司

选育年份：2003 年

形态特征：粉红色的杯状花朵，小簇聚群开放，花香从无至温和，具苹果香味，花朵中到大型，高度重瓣。植株挺拔茂密，枝条弯曲，分枝性好，叶片深绿有光泽。

生态特性：勤花、耐热、抗病性强。

※ **品种名：音乐厅**

选育单位：德国丹陶月季公司

选育年份：2005 年

形态特征：橙粉至深橙色，高度重瓣，古典玫瑰花型，四等分开花形式，具浓郁的桃或芒果香味，持续开花性好。

生态特性：勤花、抗病性强。

※ **品种名：邓纳姆梅西**

选育单位：英国 Peter Beales 月季公司

选育年份：2013 年

形态特征：灌木，花朵糖果粉色，四等分玫瑰花型，香味适中，簇花开放，持续开花。叶片中绿，植株耐阴性好。

生态特性：勤花、抗病性强。

※ **品种名：雅士谷**

选育单位：德国科德斯月季公司

选育年份：2007 年

形态特征：深红色泛紫色色晕，具温和茶香味，重瓣大花，由杯状或球状花朵逐渐展开至古典花型。植株茂密紧凑，非常健康。

生态特性：勤花、耐热。

※ **品种名：亚历山德拉公主**

选育单位：英国奥斯汀月季公司

选育年份：2007 年

形态特征：花朵为粉红色深杯状重瓣，有茶香味，随花朵开放转为柠檬香味，开花性非常好，花量大，株型饱满紧凑。

生态特性：勤花、耐寒。

※ **品种名：玛丽安**

选育单位：德国埃维尔斯月季公司

选育年份：2010 年

形态特征：丰花灌木月季，重瓣，花橙色，泛樱桃色晕，散发温和甜美的花香，球杯状四等分玫瑰花型，花朵开放时挺立于枝头。成熟植株紧凑而饱满，叶片深绿有光泽。

生态特性：耐热、抗病性强。

※ 品种名：男爵夫人

选育单位：德国科德斯月季公司

选育年份：2009 年

形态特征：丰花灌木月季，深粉红色，泛紫红色或品红色晕，莲座状重瓣花型，小集群式开放，无香味。枝条浓密，紧凑，叶片深绿有光泽。

生态特性：勤花、耐热。

※ 品种名：眉开眼笑

选育单位：英国 Peter Beales 月季公司

选育年份：2006 年

形态特征：丰花灌木月季，粉色重瓣，莲座状花型，花香较淡，花朵中型，成簇开放。叶片深绿有光泽。

生态特性：勤花、耐寒。

※ 品种名：风中玫瑰

选育单位：法国戴尔巴德月季公司

选育年份：2005 年

形态特征：杯状大花，胭脂红色，花瓣边缘有缺刻，具有温和的覆盆子香味，开花时花大且非常饱满，视觉效果非常棒，花期为5月至霜冻，叶片深绿色。

生态特性：耐热、耐寒、抗病能力良好。

※ 品种名：新想象

选育单位：法国戴尔巴德月季公司

选育年份：2004 年

形态特征：奶油色的花瓣上附紫红色条纹，偶见胭脂红色条纹，花朵集群式开放，重复开花能力强，生长速度快，叶片深绿有光泽。

生态特性：勤花、植株健壮、抗病性强。

※ 品种名：马克夏加尔

选育单位：法国戴尔巴德月季公司

选育年份：2012 年

形态特征：丰花，花朵粉色，中心为黄色，有时花瓣上可见乳白色条纹，杯状大花，具温和的水果香味。植株挺立，灌丛生长，叶片有光泽，可做切花。

生态特性：勤花、耐寒、非常抗病。

※ 品种名：罗宾汉

选育单位：英国奥斯汀月季公司

选育年份：1927 年

形态特征：樱桃红色，花心泛白色，具温和麝香香味，小花，单瓣至半重瓣，花量惊人，大规模成群开放，持续开花，植株直立挺拔。

生态特性：耐热、耐阴、抗病。

※ **品种名：伯尼卡**

选育单位： 英国 Peter Beales 月季公司

选育年份： 1981 年

形态特征： 杯状重瓣，柔粉色，边缘深粉色，花径约 3.8 cm，持续开花，叶片深绿色革质。有活力，可做切花，可地被栽培，适宜盆栽，也可花境种植，做绿篱等。

生态特性： 耐贫瘠土壤、耐阴、耐寒。

※ **品种名：艾拉绒球**

选育单位： 德国科德斯月季公司

选育年份： 2005 年

形态特征： 丰花灌木月季，花深粉色，具温和香味，小型杯状花，集群式开放。植株挺立，叶半光泽，暗绿色，植株生长速度快。

生态特性： 耐热、耐寒、非常抗病。

野蔷薇 *Rosa multiflora*

形态特征：落叶攀缘灌木。小枝有皮刺，常无毛。复叶；叶柄和叶轴均被柔毛，有时被腺毛；小叶片长圆形或卵形，顶端急尖或圆钝，基部近圆形或楔形，边缘有锐锯齿，两面幼时被柔毛。圆锥状伞房花序，顶生。花期5—7月，果熟期9—10月。

习性用途：可栽植供观赏，也可做护栏、花架、墙垣等垂直绿化。花可提制芳香油，为日用品香精。花瓣可蒸制蔷薇花露，为饮料或香水原料。根皮可提制栲胶。叶、花、枝、根、果实以及花露均可药用。

种质资源：分布于华东、华中以及河北、山西、四川、贵州、广东、广西等地。生于山谷、山坡、林缘及灌丛中。淮安市常见于公园、道路和庭院绿化。

七姊妹 *Rosa multiflora* ‘Grevillei’

形态特征：落叶攀缘状灌木。小枝有皮刺，常无毛。叶较大。圆锥状伞房花序，常7枚单花，顶生；花重瓣，深红色。果圆球状或卵球状，成熟时暗褐色。花期5—7月，果熟期9—10月。

习性用途：可栽植供观赏，也可做护栏、花架、墙垣等垂直绿化。花可提制芳香油，为日用品香精。花瓣可蒸制蔷薇花露，为饮料或香水原料。根皮可提制栲胶。叶、花、枝、根、果实以及花露均可药用，功效多样。花期也为良好的蜜源。

种质资源：分布于华东、华中以及河北、山西、四川、贵州、广东、广西等地。日本和朝鲜也有分布。产于江苏各地，生于山谷、山坡、林缘及灌丛中。淮安市园林绿化、居民小区与城市绿地中常见栽培。

粉花绣线菊 *Spiraea japonica*

形态特征：直立灌木。株高可达 1.5 m。小枝直立，无毛或幼时被短柔毛。叶片卵形或卵状椭圆形，先端急尖或短渐尖，基部楔形，边缘具缺刻状重锯齿或单锯齿，叶面无毛或沿叶脉微被短柔毛，叶背常沿叶脉被柔毛；叶柄长 1 ～ 3 mm，被短柔毛。复伞房花序着生于当年生小枝顶端，密被短柔毛；花瓣卵形或圆形，粉红色。花期 6—7 月，果期 8—9 月。

习性用途：观赏价值较高的观花灌木。根有祛风清热、明目退翳的功效；叶可药用，解毒消肿、去腐生肌。

种质资源：原产于日本和朝鲜半岛。我国各地园林常有栽培。淮安市近年有引种栽培，常见于公园、道路和庭院绿化。

李叶绣线菊 *Spiraea prunifolia*

形态特征: 灌木。株高 1.5 ～ 3 m。枝条细长，常呈弧形弯垂，幼枝被短柔毛，后毛渐脱落至近无；冬芽小，卵形，具数枚鳞片，无毛。叶片卵形至圆状披针形，先端急尖，基部楔形，边缘近基部或中部以上有细锐单锯齿，叶面幼时被短柔毛，后毛被渐脱落，叶背被短柔毛，叶脉羽状。伞形花序着生于上年生短枝顶端。花期 3—4 月，常不结实。

习性用途: 常见的优良观花和观叶植物。根有利咽消肿、祛风止痛的功效。

种质资源: 分布于陕西、山东、浙江、安徽、湖北、湖南、江西、贵州、四川等省。淮安市近年有引种栽培，常见于公园、道路和庭院绿化。

胡颓子科　Elaeagnaceae

木半夏　*Elaeagnus multiflora*

形态特征：落叶直立灌木。株高可达 3 m。枝常无刺，稀老枝具刺，幼枝密被锈色或深褐色鳞片。叶片纸质，椭圆形、倒长卵形或倒卵状椭圆形，顶端钝或短尖，基部宽楔形，幼时叶面有银白色星状毛和鳞片，叶背密被银白色鳞片及散生褐色鳞片；叶柄被锈色鳞片。花期 4—5 月，果期 6—7 月。

习性用途：可栽培供观赏，也可做绿篱。根可活血、行气、补虚损；叶可治跌打损伤、痢疾等；果有收敛作用。果可食，也可酿酒和制糖。

种质资源：分布于河北、陕西、山东、安徽、浙江、福建、湖北、江西、四川、贵州等省。生于山坡、沟谷、路边、疏林下或灌丛中。淮安市近年有引种栽培，常见于公园绿化。

胡颓子 *Elaeagnus pungens*

形态特征：常绿直立灌木。株高可达 4 m。全株被褐色鳞片。枝常具棘刺。叶片革质或薄革质，椭圆形或宽椭圆形，密被鳞片。花白色或淡白色。果实椭圆球状，成熟时红色。花期 9—12 月，果熟期翌年 4—6 月。

习性用途：可栽植供观赏，适宜做绿篱。根有祛风利湿、散瘀解毒、止血的功效，果可消食止痢，叶可止咳平喘。果实可生食，也可酿酒或熬糖；鲜花可提芳香油；茎皮纤维供造纸和制纤维板。

种质资源：分布于华东、华中以及陕西、四川、贵州、广东、广西等地。常生于山坡、路旁或林缘。淮安市园林绿化、道路景观与城市绿地中常见栽培。盱眙县省级种质资源库有引种栽培。

斑胡颓子 *Elaeagnus pungens* ‘Maculata’

形态特征： 常绿直立灌木。株高可达 3 m。全株被褐色鳞片。枝常具棘刺。叶片革质或薄革质，椭圆形或宽椭圆形，先端短尖或圆钝，基部圆形，边缘微反卷或皱波状，叶面具大小不等的金黄色斑块，叶背银白色。花期 9—12 月，果熟期翌年 4—6 月。

习性用途： 可栽植供观赏，适宜做绿篱。根有祛风利湿、散瘀解毒、止血的功效，果可消食止痢，叶可止咳平喘。果实可生食，也可酿酒或熬糖；鲜花可提芳香油；茎皮纤维供造纸和制纤维板。

种质资源： 淮安市近年有引种栽培，常见于公园绿化。

鼠李科 Rhamnaceae

枳椇 *Hovenia acerba*

形态特征：乔木。株高可达 25 m。嫩枝、幼叶两面及叶柄初时有棕褐色柔毛，后渐脱落。叶片纸质至厚纸质，椭圆状卵圆形、宽卵圆形或心形；花排成对称的二歧式聚伞圆锥花序，花瓣黄绿色，椭圆状匙形，基部具短爪。浆果状核果近圆球状，成熟时黄褐色或棕褐色。种子褐色或紫黑色，有光泽。花期 5—7 月，果期 8—10 月。

习性用途：木材细致坚硬，为建筑和细木工的良好用材。果序轴肥厚，含糖丰富，可生食、酿酒或熬糖。种子可除烦止渴、解酒毒；民间常用果序轴浸制“拐枣酒”，治风湿。也可栽植作为园林绿化树种。

种质资源：分布于陕西、甘肃、安徽、浙江、福建、河南、湖北、湖南、广东、广西、四川、贵州、云南等省（区）。产于江苏南部，常生于山坡、林缘或疏林。庭院、宅旁常有栽培。淮安市既有野生种质，也在园林绿化、道路景观与城市绿地中常见栽培。

猫乳 *Rhamnella franguloides*

形态特征：灌木或小乔木。株高 2 ～ 9 m。小枝被短柔毛。叶片倒卵状长圆形、倒卵状椭圆形、长椭圆形，稀倒卵状圆形；聚伞花序，花瓣黄绿色，宽倒卵状圆形，顶端微凹。核果椭圆柱状，成熟时红色或橙红色，干后黑色或紫褐色。花期 5—7 月，果期 7—10 月。

习性用途：成熟果实或根可补脾益肾、疗疮。茎皮可提制绿色染料，茎皮纤维可代麻使用。

种质资源：分布于华东、华中以及河北、山西、陕西等地。产于江苏各地，常生于山坡、路旁或灌木林中。淮安市有野生种质，在盱眙县铁山寺国家森林公园有零星分布。

圆叶鼠李 *Rhamnus globosa*

形态特征： 灌木。株高可达 2 m。芽具鳞片；小枝对生或近对生，稀兼有互生，枝顶端和分叉处具针刺，幼时密被短柔毛。叶片纸质，卵圆形、倒卵状圆形或近圆形。花数朵至 20 余朵簇生于短枝或长枝下部叶腋；花瓣黄绿色。核果近圆球状，成熟时黑色。花期 4—5 月，果熟期 8—10 月。

习性用途： 种子可提制油脂，做润滑油。树皮、果实和根可提制绿色染料。木材供制农具。茎、叶和根皮可杀虫消食、下气祛痰。

种质资源： 分布于辽宁、河北、山西、陕西、甘肃、山东、安徽、浙江、河南、湖南、江西等省。产于连云港市、扬州市、南京市及苏南地区，常生于山坡杂木林或灌丛中。淮安市有野生种质，在盱眙县铁山寺国家森林公园有零星分布。

薄叶鼠李 *Rhamnus leptophylla*

形态特征： 落叶灌木或小乔木。株高可达 5 m。芽具鳞片。小枝对生或近对生，无毛，枝顶端有针刺。叶片纸质，倒卵圆形、倒卵状椭圆形；花簇生于短枝顶端或长枝下部叶腋。核果圆球状，成熟时黑色。花期 3—5 月，果期 5—10 月。

习性用途： 全株有清热、解毒、活血的功效。

种质资源： 分布于华东、华中以及陕西、广东、广西、贵州、四川、云南等地。生于山坡灌丛中。淮安市有野生种质，在盱眙县铁山寺国家森林公园有零星分布。

雀梅藤　*Sageretia thea*

形态特征：攀缘或直立灌木。株高可达 8 m。小枝对生或近对生，有刺，密被短柔毛。叶近对生或互生；叶片纸质或薄革质，椭圆形或卵状椭圆形，稀卵圆形或近圆形。穗状花序或圆锥状穗状花序，花瓣淡黄绿色。核果近圆球状，成熟时黑色或紫黑色。花期 7—11 月，果熟期翌年 3—5 月。

习性用途：叶可代茶，也可药用，治疮疡肿毒；根降气化痰，可治咳嗽。可栽培供观赏，是制作盆景的常用树种，也可密植做绿篱。

种质资源：分布于华东、华中以及广东、广西、四川、云南等地。产于苏南各地，常生于山坡路旁和林缘。淮安市有野生种质，在盱眙县铁山寺国家森林公园有零星分布。

枣 *Ziziphus jujuba*

形态特征：落叶小乔木。株高可达 10 m。树皮褐色或灰褐色。叶柄长 1 ～ 6 mm，在长枝上可达 1 cm，无毛或有疏微毛，托叶刺纤细，后期常脱落。花黄绿色，单生或密集成腋生聚伞花序。核果矩圆形或长卵圆形，成熟时红色，后变红紫色。花期 5—7 月，果期 8—9 月。

习性用途：喜光，耐旱、耐涝性较强，对土壤适应性强，耐贫瘠、耐盐碱。怕风，应注意避开风口处。木材坚硬致密，为制器具和雕刻用材。果实可食用。

种质资源：淮安市常见园林和庭院植物。有古树名木种质 11 株，分布于涟水县、金湖县。最大树龄约 400 年，2 株；最大树高 17.3 m；最大胸径 57 cm。

榆科 Ulmaceae

榔榆 *Ulmus parvifolia*

形态特征： 落叶或半常绿乔木。株高可达 20 m，胸径 30 ～ 60 cm。树皮灰褐色，裂成不规则鳞状剥落，露出红褐色或绿褐色内皮。小枝红褐色，被柔毛。叶窄椭圆形或卵形，先端短尖或略钝，基部偏斜，单锯齿，幼树及萌芽枝的叶为重锯齿，上面无毛有光泽，下面幼时被毛。花秋季开放，簇生于当年生枝叶腋。翅果椭圆形或卵形。花期 9 月，果期 10 月。

习性用途： 喜光，适应性强，耐干旱瘠薄。材质坚韧、纹理直，家具、器具优质用材。

种质资源： 淮安市公园、道路园林绿化有大量应用。古树名木种质有 7 株，分布于涟水县、盱眙县。最大树龄 205 年，最大树高 31.2 m，最大胸径 97 cm。

榆树 *Ulmus pumila*

形态特征: 落叶乔木。株高可达 25 m，树皮暗灰色，纵裂。小枝灰色，有毛。叶椭圆状卵形或椭圆状披针形，先端短尖或渐尖，基部不对称，重锯齿或单锯齿，两面无毛，仅脉腋簇生毛。花先叶开放，簇生于去年生枝的叶腋。翅果近圆形或倒卵状圆形，无毛。果核位于翅果中央。花期 3 月，果期 4—5 月。

习性用途: 适应性强，但不耐水湿。木材纹理直，结构稍粗，易开裂，边材易遭虫蛀，供家具、桥梁、车辆等用。树皮纤维为造纸及人造棉原料。嫩果、幼叶可食或做饲料。

种质资源: 淮安市常见乡土园林植物，庄台绿化、公园绿化和道路景观常用树种。有栽培利用种质和古树名木种质。全市有古树种质 11 株，分布于淮安区、盱眙县和涟水县。最大树龄 205 年，最大树高 24 m，最大胸径 78 cm，开花结果正常。

榉树 *Zelkova serrata*

形态特征：落叶乔木。株高可达 30 m，胸径达 1 m。树皮褐色。小枝灰色，密被灰色柔毛。叶卵形、椭圆状卵形，先端渐尖，基部宽楔形或近圆形，叶柄密被毛。坚果偏卵形。花期 3—4 月，果期 10—11 月。

习性用途：木材致密坚硬，不易伸缩，是江浙地区明清家具主要原料。秋叶红褐色、橘黄色、黄色。

种质资源：淮安市城乡绿化有广泛应用。园林苗圃也保存大量种苗。

大麻科　Cannabaceae

朴树　*Celtis sinensis*

形态特征：落叶乔木。株高可达 20 m。树皮灰褐色，粗糙不裂。小枝密被柔毛。叶三出脉，阔卵形、卵状长椭圆形，先端急尖，基部圆形偏斜，中部以上有疏浅锯齿。果单生或 2 ～ 3 并生叶腋，近球形。果梗与叶柄近等长。果核有凹点及棱脊。花期 3—4 月，果期 9—10 月。

习性用途：喜光，适生于肥沃平坦之地。对土壤要求不严，有一定耐干旱能力，亦耐水湿及瘠薄土壤，适应力较强。木材质轻而硬，可做家具、砧板、建筑材料。

种质资源：淮安市常见城乡绿化树种。有栽培利用种质和古树名木种质。全市有古树种质 77 株，分布于清江浦区、金湖县、盱眙县。最大树龄 307 年，最大树高 28 m，最大胸径 91 cm。

桑科 Moraceae

构（构树） *Broussonetia papyrifera*

形态特征：乔木。株高可达 16 m。树皮平滑，浅灰色，有时有深灰色横向环斑；枝粗壮，红褐色，密生白色茸毛。叶片阔卵形，顶端锐尖，基部圆形或近心形，边缘有粗齿，两面有厚柔毛。花期 4—5 月，果期 6—9 月。

习性用途：树皮为优质造纸原料；也可入药，有行水、止血的功效。叶入药，有凉血、利水的功效；可做猪饲料；可做农药，杀蚜虫和瓢虫；叶乳汁可擦治疮癣。果实（楮实子）及根入药，能补肾利尿、强筋骨。

种质资源：多生于荒地、田园、沟旁以及城镇边缘地带。分布于河北、山西、陕西、甘肃、四川、贵州、云南、西藏等省（区）。淮安市有野生种质和栽培利用种质。

无花果 *Ficus carica*

形态特征：落叶灌木或小乔木。株高 3 ～ 10 m。树干皮暗褐色，皮孔明显；茎多分枝，小枝直立，粗壮无毛。叶互生；叶片厚纸质，倒卵形或近圆形，叶面粗糙，叶背有小钟乳体及短毛。隐花果大而呈梨形，成熟时紫红色、黑紫色或黄色。花期 5—6 月，果期 6—10 月。

习性用途：果可鲜食或干食，也可做蜜饯。根及叶入药，可润肺止咳、清热润肠。可在空气污染较严重地区种植，也可作为庭园观赏植物。

种质资源：原产于地中海地区，往东至阿富汗。江苏各地均有栽培，南京地区偶见（逸为野生）。淮安市有引种栽培，用于果园建设，少量用于公园绿化。

柘（柘树） *Maclura tricuspidata*

形态特征：落叶灌木或小乔木。株高可达 8 m。老树干皮淡灰色，呈不规则的薄片状剥落。叶片卵形、倒卵形或菱状卵形，顶端尖，基部楔形或圆形，全缘或偶 3 裂。花期 5—6 月，果期 9—10 月。

习性用途：树皮或根皮入药，可止咳化痰，祛风利湿，散瘀止痛；茎、叶入药，有消炎止痛、祛风活血的功效；木材为黄色染料，也可入药，治妇女崩中血结及疟疾；果也可药用，主治跌打损伤。茎皮纤维可做人造棉及混合原料，也是很好的造纸原料。果可食用和酿酒。

种质资源：分布于华东、华中以及河北、陕西、山西、甘肃、广东、广西、贵州、四川、云南等地。生于阳光充足的荒地、山坡林缘和路旁。淮安市有野生和栽培种质，常见于公园和庄台绿化。

桑（桑树） *Morus alba*

形态特征：乔木或灌木。株高可达 15 m。树皮灰黄色或黄褐色。叶片卵形至阔卵形，顶端尖或钝，基部圆形或近心形，边缘有锯齿或多种分裂，叶面无毛，有光泽。果成熟时紫红色或黑色。花期 4—5 月，果期 6—7 月。

习性用途：主要经济树种之一。叶可饲蚕。木材坚实，可制器具。果序（桑葚）可生食和酿酒。根、茎皮、叶和果均可药用，桑枝（嫩枝）能祛风清热、通络；桑葚能滋补肝肾、养血祛风；桑叶能祛风清热、清肝明目、止咳化痰。叶还可做土农药，对防治棉蚜、红蜘蛛及小麦赤霉病有良好效果。

种质资源：常生于山林中和路旁。原产于我国中部和北部，现全世界广泛栽培。淮安市有野生种质和栽培利用种质，野生种质常见于乡村四旁，栽培利用个体最大胸径达 1 m；有古树名木种质 28 株，其中，有 3 株名木，25 株三级古树。

壳斗科 Fagaceae

栗（板栗） *Castanea mollissima*

形态特征：落叶乔木。株高可达 15 m，胸径达 1 m。树皮灰褐色，深纵裂。叶长椭圆形，有锯齿，齿端具芒尖，下面密被灰白至灰黄色短柔毛，侧脉 10～18 对，托叶窄三角形。雌雄花同序，雄花生于花序中上部，雌花生于基部。壳斗密被灰白色星状毛，刺长而密，每壳斗有坚果 2～3 颗。坚果扁圆形，暗褐色，顶部有绒毛。花期 4—6 月，果期 9—10 月。

习性用途：喜光，耐旱，耐寒，对土壤要求不严。材质优良，为建筑、车船、枕木、坑木用材。

种质资源：丘陵地区常用造林树种。淮安市有栽培利用种质和古树名木种质。全市有古树种质 10 株，古树群 4 个，其中盱眙林场水冲港分场古板栗群保存 60 株，盱眙县天泉湖镇周郢村古板栗群保存 57 株，盱眙县天泉湖镇陡山村古板栗群保存 12 株。最大树龄 305 年，最大树高 22 m，最大胸径 100 cm。

麻栎 *Quercus acutissima*

形态特征：落叶乔木。株高可达 30 m。树皮暗褐色，深纵裂。叶长椭圆状披针形，先端渐尖，具芒状锯齿，侧脉 13 ～ 18 对，直达齿端。坚果卵球形或椭圆球形，顶端圆形，果脐隆起。花期 3—4 月，果期翌年 9—10 月。

习性用途：喜光，耐干旱，亦耐湿热，可为贫瘠地造林先锋树种。萌芽力强，深根性，抗风，中速生长。材质坚硬、纹理直，耐腐，优质地板用材。秋叶红色或橘红色。

种质资源：淮安市盱眙县有古树群，数量达 12 株，开花结实正常；平均胸径 9 cm，平均树高 10 m。淮安市的麻栎古树名木种质共 9 株，树龄均在 100 年以上，集中在盱眙县盱城街道、古桑街道、天泉湖镇、穆店镇、黄花塘镇、桂五镇等乡镇（街道）。最大树高 27 m，最大胸径 80 cm。在淮安区白马湖农场有道路绿化应用。

槲栎 *Quercus aliena*

形态特征：落叶乔木。株高可达 20 m。树皮暗灰色，较厚，深纵裂；小枝粗，有条沟，无毛。叶片椭圆状倒卵形或倒卵形，边缘有波状钝齿，叶背密生灰褐色星状细茸毛。壳斗杯状，坚果卵圆形或椭圆形，果脐略隆起。花期 4 月，果熟期 10 月。

习性用途：喜阳，耐瘠薄。种子含淀粉，可酿酒和食用。壳斗和树皮可提制栲胶。树枝可培养香菇。木材坚硬，做器具及薪炭。

种质资源：分布于辽宁、河北、山东、河南、陕西、安徽、浙江、江西、湖北、湖南、贵州、广东、广西、四川、云南等省（区）。生于丘陵山区。江苏低山丘陵地带均有分布，淮安市盱眙县铁山寺国家森林公园分布有野生种群，散生状态，结果量大，自然更新能力强。

槲树 *Quercus dentata*

形态特征：落叶乔木。株高可达 25 m。树皮深灰色，深纵裂；小枝密生灰黄色星状绒毛，有沟槽。叶片倒卵形或倒卵状椭圆形，先端短钝尖，基部耳形或窄楔形，顶端和边缘有波状钝齿。花期 5 月，果期 10 月。

习性用途：木质坚硬，耐磨损，做地板、建筑及机械器具用材。树皮和壳斗可制栲胶。种子含淀粉，可酿酒和制副食品。叶可饲养柞蚕。

种质资源：分布于东北、华中、华东以及河北、山西、陕西、甘肃、贵州、广西、四川、云南等地。淮安市有野生种质和引种栽培种质，常见于公园绿化。

白栎 *Quercus fabri*

形态特征：落叶乔木或灌木状。株高可达 20 m。树皮灰褐色浅纵裂；小枝密生灰褐色茸毛及条沟。叶片倒卵形或椭圆状倒卵形，边缘有波状钝齿。壳斗杯形，坚果卵状椭圆形或近圆柱形，果脐略隆起。花期 4 月，果熟期 10 月。

习性用途：喜阳，耐瘠薄。种子含淀粉，可酿酒和食用。壳斗和树皮可提制栲胶。树枝可培养香菇。木材坚硬，可做器具及薪炭。

种质资源：分布于陕西、河南、安徽、浙江、福建、江西、湖北、湖南、广东、香港、广西、贵州、四川、云南等地。江苏低山丘陵地带均有分布，淮安市盱眙县铁山寺国家森林公园分布有野生种群，散生状态，结果量大，自然更新能力强。

青冈（青冈栎） *Quercus glauca*

形态特征：常绿乔木。株高可达 22 m，胸径达 1 m。树皮平滑不裂；小枝青褐色，无棱，幼时有毛，后脱落。叶长椭圆形或倒卵状长椭圆形，先端渐尖，基部广楔形，边缘上半部有疏齿，中部以下全缘。坚果卵形或近球形，无毛。花期 4—5 月，果熟期 10 月。

习性用途：幼树稍耐阴，大树喜光。适应性强，对土壤要求不严。幼年生长较慢，5 年后生长加快，萌芽力强，耐修剪，深根性，可防风、防火。

种质资源：全国多地有分布。江苏南京、扬州、镇江、南通、常州、苏州、无锡等市有野生种质，省内部分地区有栽培。淮安市有引种栽培，用于公园绿化。

红槲栎（北美红栎） *Quercus rubra*

形态特征：落叶乔木。株高可达 27 m，胸径达 90 cm，冠幅达 15 m。幼树树形为卵圆形，随着树龄的增长，树形逐渐变为圆形至圆锥形。树干笔直，嫩枝呈绿色或红棕色，第二年转变为灰色。叶子形状美丽，波状，宽卵形，革质，表面有光泽，叶片 7～11 裂，春夏叶片亮绿色有光泽，秋季叶色逐渐变为粉红色、亮红色或红褐色，直至冬季落叶，持续时间长。雄性柔荑花序，花黄棕色，下垂，4 月底开放。坚果棕色，球形。

习性用途：喜光，生长速度较快。耐旱、耐寒、耐瘠薄、抗火灾、较耐阴，萌蘖能力强，可耐 –29℃低温。耐环境污染。

种质资源：淮安市近年来有引种栽培，用于公园和道路绿化带，保存于园林苗圃作为彩叶树种种植推广。

枹栎 *Quercus serrata*

形态特征： 落叶乔木。株高可达 25 m。小枝仅在幼时有毛，有条沟。叶片在小枝上分散，长椭圆状倒披针形或长椭圆状倒卵形，边缘有锯齿，并有小腺点。壳斗杯状；坚果椭圆形，顶端渐尖，果脐略隆起。花期 4 月，果熟期 10 月。

习性用途： 种子含淀粉，供酿酒等用。木材坚硬，可制器具。壳斗及树皮含单宁酸。枝、干可做薪炭。

种质资源： 分布于陕西、山西、山东、安徽、湖北、湖南、广东、广西、云南、贵州、四川、甘肃等省（区）。生于山地林中或林缘。江苏低山丘陵地带均有分布。淮安市盱眙县铁山寺国家森林公园、林总场穆店分场分布有野生种群，散生状态。

栓皮栎 *Quercus variabilis*

形态特征：落叶乔木。株高可达 30 m，胸径达 1 m，树皮黑褐色，深纵裂。小枝灰棕色，无毛。芽圆锥形，芽鳞褐色，具缘毛。叶片卵状披针形或长椭圆形，顶端渐尖，基部圆形或宽楔形，叶缘具刺芒状锯齿，叶背密被灰白色星状绒毛。雄花序长达 14 cm，花被 4～6 裂，雄蕊 10 枚或较多。雌花序生于新枝上端叶腋。坚果近球形或宽卵形，顶端圆，果脐凸起。花期 3—4 月，果期翌年 9—10 月。

习性用途：喜光，能耐 -20℃的低温，耐干旱、瘠薄，以深厚、肥沃、适当湿润而排水良好的壤土最适宜，不耐积水。木材坚硬。因树皮具有发达的栓皮层而得名“栓皮栎”。其栓皮是我国生产软木的主要原料。秋叶红色或橘红色。

种质资源：江苏低山丘陵地区有分布，淮安市盱眙县山区有野生分布。淮安市公园、道路园林绿化有少量应用。

杨梅科　Myricaceae

杨梅　*Morella rubra*

形态特征：常绿灌木或小乔木。株高可达 8 m。树冠圆球形。树皮灰色；小枝近于无毛。叶片革质，倒卵状披针形或倒卵状长椭圆形，全缘，叶背密生金黄色腺体。核果球形，熟时深红、紫红或白色，味甜酸。花期 4 月，果期 6—7 月。

习性用途：耐寒性较好。果实为著名水果，可生食或做蜜饯，制果酱、果汁及罐头等。可栽植供观赏。树皮煮汁可做农药，能杀虫、熏蚊子。木材质坚，供细木工用。叶可提芳香油。种仁富含油脂。根皮入药，具散瘀止血、止痛的功效；果实有化痰、消食、止呕的功效。

种质资源：我国长江以南各省（区）均有分布。江苏主产于苏州（洞庭山）一带。淮安市部分地区有应用，如金湖县柳树湾景区。

胡桃科 Juglandaceae

美国山核桃（薄壳山核桃） *Carya illinoinensis*

形态特征：落叶大乔木。株高可达 50 m，胸径达 2 m。树皮粗糙，深纵裂。芽黄褐色，被柔毛，芽鳞镊合状排列。小枝被柔毛，后来变无毛，灰褐色，具稀疏皮孔。奇数羽状复叶，具 9 ～ 17 枚小叶。雄性柔荑花序，几乎无总梗。花期 5 月，果期 9—11 月。

习性用途：喜光，耐水湿，有一定耐寒性，不耐干旱瘠薄。深根性，萌蘖力强。生长速度中等，寿命长。木材坚固强韧，是建筑、军工、室内装饰、高档家具优质用材。

种质资源：淮安市近年有引种栽培，淮安区原政协大院、新四军刘老庄连纪念园、淮安市现代农业高科技示范园区内有大树资源，在淮阴区、淮安区、涟水县、金湖县、盱眙县均有规模栽植。盱眙县林总场收集保存的适生美国山核桃资源 7 份，为江苏省农业科学院核桃基地保存种质，主要品种有适合华东地区栽培的早实丰产品种“威斯顿”“卡多”“威奇塔”，配套授粉品种为“波尼”“马汉”。主栽品种种质资源信息如下：

波尼（Pawnee）：美国引进。属于雌雄花期相遇型（同步型），雌花期为 5 月 3 日—5 月 9 日，雄花散粉期在 5 月 5 日—5 月 12 日。自花能结实。嫁接后 4 年结果。20 年生植株，平均单果重 7.10 g，出仁率 57.10%，果形指数 1.85，出油率 56.71%。果实外形美观，果形较大，结果早，易脱壳。

马汉（Mahan）：美国引进。属雌先型，雌花花期为4月28日—5月3日，雄花散粉期在5月10日—5月12日，雌雄花不相遇，自花不结实。嫁接后4年结果。20年生植株，平均单果重11.36 g，出仁率56.4%，出油率62.45%，果形指数2.24。栽培必须配置与雌花可授期同步的授粉品种。果实外形美观，果形大，结果早，易脱壳，口感好，出仁率高。

威斯顿（Western）：美国引进。该品种属于雌先型（Ⅱ型），雌花期5月4日—5月13日，雄花散粉期在5月7日—5月15日。自花不能结实，必须配置授粉树（如波尼、马汉、切尼、艾略特），嫁接后4～5年可结果。坚果长椭圆形，果顶锐尖，果基尖，果形指数1.98，平均单果重7.50 g，出仁率51.9%，出油率63.7%，风味香甜。10月中下旬成熟，中熟品种。

威奇塔（Wichita）：美国引进。属雌先型，雌花期在5月2日—5月11日，雄花散粉期在5月10日—5月16日。雌雄花期不相遇，自花不易结实。该品种外形美，果实中偏大，平均单果重7.72 g；结果早，易脱壳，口感好，出仁率

64.20%，出油率 66.23%，果形指数 2.08；嫁接后 5 年普遍结果。

卡多（Caddo）：1922 年或 1923 年，美国农业部农业研究局用“布鲁克斯”×“艾丽”组合杂交而来。开花习性为雄先型，花粉散开早，雌花柱头可接受花粉的时间适中。果实成熟期适中，果实长椭圆形到圆形，两端为尖角，果实最大横截面为圆形；平均单果重 6.81 克，出仁率 56%，出油率 70.8%；核仁金黄色，有浅背沟，且有宽而长的凸脊；易脱壳，早实丰产；对疮痂病有中等的抵抗力。1990 年，该品种被推荐在阿肯色州、路易斯安那州以及得克萨斯州用于商业种植。

胡桃 *Juglans regia*

形态特征： 乔木。株高可达 25 m。树皮灰褐至灰白色。奇数羽状复叶，具小叶 5 ～ 13 枚；小叶片椭圆状卵形至长椭圆形，全缘，先端短尖或钝圆，基部歪斜，近圆形。果近球形，无毛。花期 4—5 月，果期 9—10 月。

习性用途： 种仁含油量高，可生食或榨油，可作为强壮剂；也可治皮肤病等症；外果皮具止痛、止咳功效；内果皮及树皮富含单宁酸。叶可消肿、杀虫。材质坚实。核桃壳可制活性炭。

种质资源： 原产于中亚、南亚地区以及我国新疆天山西部；除东北外，我国各地均有大量栽培。淮安市有引种栽培，常见于公园绿化。

化香树（化香） *Platycarya strobilacea*

形态特征：落叶小乔木。株高可达 8 m。树皮纵深裂；枝条褐黑色，幼枝棕色有茸毛，髓实心。奇数羽状复叶，互生，小叶片薄革质，卵状披针形或长椭圆状披针形。花单性，雌雄同序。果序卵状椭圆形或长椭圆状圆柱形，暗褐色，小坚果扁平，有狭翅。花期 5—6 月，果期 7—10 月。

习性用途：根皮、树皮、叶和果实为制栲胶的原料。木材粗松，可做火柴梗、家具、胶合板、农具等。种子可榨油；根部及老秆含芳香油。叶可做农药，其汁液对防治棉蚜、红蜘蛛、甘薯金花虫、菜青虫、地老虎等有效。叶还可药用，能顺气、祛风、化痰。

种质资源：分布于华东、华中、华南地区以及甘肃、陕西、贵州、云南、四川等地。产于连云港市和苏南各地，生于向阳山地杂木林中。淮安市有野生种质，在盱眙县铁山寺国家森林公园有零星分布。

枫杨 *Pterocarya stenoptera*

形态特征：落叶大乔木。株高可达 30 m，胸径 1 m。幼树皮平滑，老时灰色至深灰色，深纵裂。偶数复叶，叶柄及叶轴被毛，叶轴具窄翅。小叶 10～28 枚，纸质，矩圆形至矩圆状披针形，先端短尖或钝，基部偏斜，细锯齿。果具 2 斜展之翅，翅矩圆形至椭圆状披针形。花期 4—5 月，果期 8—9 月。

习性用途：喜光，不耐庇荫。耐湿性强，但忌积水。深根性树种，主根明显，侧根发达。萌芽力强，生长快。木材灰褐色，轻软，细致，可做包装箱、火柴杆用。

种质资源：淮安市常见乡土造林绿化植物。有栽培利用种质，其中最大胸径达 55 cm。盱眙县分布有古树 9 株，最大树龄 165 年，最大树高 28.2 m，最大胸径 120 cm。

桦木科 Betulaceae

江南桤木 *Alnus trabeculosa*

形态特征： 乔木。株高可达 10 m。树皮灰褐色，平滑；小枝有棱，幼时被黄褐色柔毛，后变无毛；叶片倒卵状长圆形、椭圆形至阔卵形，叶面无毛；果序椭圆形，果苞木质，带翅小坚果椭圆形，果翅厚纸质。花期 3—6 月，果期 7—8 月。

习性用途： 木材淡红褐色，质轻软，纹理细，耐水湿，可供建筑和制作家具。为长江以南地区护堤及低湿地造林树种。

种质资源： 分布于浙江、安徽、河南、江西、福建、湖北、湖南、广东、贵州等省。江苏省内产于连云港市、南京市等地，生于海拔 200 ～ 500 m 的河沟边。淮安市有引种栽培，柳树湾景区有栽培，群体数量 15 株，平均树高 10 m，平均胸径 9.2 cm。

卫矛科 Celastraceae

南蛇藤 *Celastrus orbiculatus*

形态特征：藤状灌木。茎长可达 12 m。小枝圆柱形，无毛，有多数皮孔，髓坚实，白色；冬芽小，卵圆形。叶形变化较大，入秋后叶片变红色；叶片近圆形至倒卵形或长圆状倒卵形。聚伞花序腋生或在枝端成圆锥状与叶对生，花黄绿色。种子椭圆球状，褐色，包有红色肉质假种皮。花期 5—6 月，果熟期 9—10 月。

习性用途：根、茎和叶有解毒消肿、祛风除湿、活血通经等功效，果可养心安神、活血止痛。不同器官提取物可作为植物源农药。树皮可制优质纤维。种子提制油脂，供工业用。也可种植供观赏。

种质资源：分布于东北、华北、华东、华中和西南地区。产于江苏各地，生于山沟灌木丛中。淮安市有野生种质，在盱眙县铁山寺国家森林公园有零星分布。

卫矛 *Euonymus alatus*

形态特征：灌木。株高 2 ～ 3 m。小枝四棱形，有 2 或 4 排木栓质的阔翅。叶片倒卵形至椭圆形，先端渐尖，基部楔形或渐狭，边缘有细尖锯齿，两面无毛，早春初发时及初秋霜后变紫红色或红色。花期 4—6 月，果熟期 9—10 月。

习性用途：枝翅奇特，秋叶红艳，多为庭园栽培植物。木翅入药，称“鬼箭羽”，可破血通经、解毒消肿、杀虫，并具有调节血脂、降血糖等药理作用。种子可提制油脂，作为工业用油或生物柴油。

种质资源：分布于东北南部、华北南部、华东、华中、华南、西南以及宁夏、青海等地。生于山间杂木林下、林缘或灌丛中。淮安市有引种栽培，常见于公园绿化。

扶芳藤 *Euonymus fortunei*

形态特征： 常绿或半常绿攀缘灌木。下部茎、枝常匍地或附着他物而随处生多数细根。叶片卵形至椭圆状卵形，薄革质，聚伞花序腋生，花瓣近圆形，绿白色；蒴果近球状，成熟时淡红色。种子卵球状，棕褐色；鲜红色假种皮全包种子。花期5—7月，果熟期10月。

习性用途： 攀附性强，枝叶碧绿，秋季叶和果变红，极具观赏价值。带叶茎枝有益肾壮腰、舒筋活络、止血消瘀的功效。叶可代茶。

种质资源： 分布于华东、华中以及山西、陕西、广东、广西、四川、贵州、云南等地。产于江苏各地，生于林缘、村庄，绕树、爬墙或匍匐石上。淮安市有野生种质，在盱眙县铁山寺国家森林公园有零星分布。

爬行卫矛 *Euonymus fortunei* var. *radicans*

形态特征：灌木。叶片较小，阔椭圆形或椭圆形，长 1.5 ～ 3 cm，宽 1.2 ～ 2 cm，叶片厚，叶背脉不明显。聚伞花序；花瓣黄绿色，近圆形；蒴果棕紫色，种子褐色，假种皮全包种子，橙红色。花期 4—6 月，果熟期 9—10 月。

习性用途：伏地生长，枝叶碧绿，秋季叶和果实均变红色，观赏价值较高，可做地被植物。带叶茎枝有益肾壮腰、舒筋活络、止血消瘀的功效。叶可代茶。

种质资源：分布于东北南部、华北南部、华东、华中、华南、西南以及宁夏、青海等地。产于江苏山区，生于山间杂木林下、林缘或灌丛中。淮安市有野生种质，在盱眙县铁山寺国家森林公园有零星分布。

冬青卫矛 *Euonymus japonicus*

形态特征：常绿灌木或小乔木。株高可达 5 m。小枝近四棱形。叶片革质，倒卵形或窄椭圆形，顶端急尖或圆钝，基部楔形，边缘有细锯齿，叶面有光泽。聚伞花序密集。花期 6—7 月，果熟期 9—10 月。

习性用途：为园林绿化、观赏和净化环境的优良树种，耐修剪，多用于布置庭院、做绿篱等。种子可提取橙红色色素。根可活血调经、祛风湿，茎皮和枝可祛风湿、强筋骨、活血止血，叶可解毒消肿。

种质资源：原产于日本。全国各地均有栽培。淮安市有引种栽培，常见于公园和道路绿化。

白杜（丝棉木） *Euonymus maackii*

形态特征：小乔木。株高可达 6 m。叶卵状椭圆形、卵圆形或窄椭圆形，先端长渐尖，基部阔楔形或近圆形，边缘具细锯齿，有时极深而锐利。叶柄通常细长，但有时较短。雄蕊花药紫红色，花丝细长。蒴果倒圆心状，成熟后果皮粉红色。种子长椭圆状，种皮棕黄色，假种皮橙红色，全包种子，成熟后顶端常有小口。花期 5—6 月，果期 8—10 月。

习性用途：喜光、耐寒、耐旱、稍耐阴，也耐水湿。为深根性植物，根萌蘖力强，生长较慢。有较强的适应能力，对土壤要求不严。木材可供器具及细工雕刻用。

种质资源：淮安市常见乡土园林植物，公园绿化和道路景观常用树种。有栽培利用种质和古树名木种质。全市古树种质 9 株，分别保存于清江浦区、淮安区、涟水县和盱眙县。最大树龄 365 年，最大树高 16.3 m，最大胸径 86 cm。开花结实状态良好。

杜英科 Elaeocarpaceae

杜英 *Elaeocarpus decipiens*

形态特征： 乔木。株高可达 15 m。幼枝及顶芽初时被微毛，后脱落无毛。叶片革质或薄革质，长椭圆状披针形或披针形。总状花序着生于叶腋或无叶的老枝叶痕腋部。核果椭圆形，内果皮骨质，有多道沟纹。花期 6—7 月，果期 9—11 月。

习性用途： 优良的庭园观赏和园林绿化树种。种子油可制肥皂和润滑油。树皮可制染料。

种质资源： 分布于安徽、浙江、福建、台湾、江西、湖南、广东、海南、广西、贵州、云南等地。江苏各地有栽培。淮安市园林绿化、道路景观与城市绿地中常见栽培。

金丝桃科 Hypericaceae

金丝桃 *Hypericum monogynum*

形态特征：半常绿小灌木。株高可达1 m。全株光滑无毛。茎多分枝，圆柱形，红褐色。叶片倒披针形或椭圆形，顶端钝尖，全缘，基部楔形至圆形，近无柄。花单生或成聚伞花序，顶生，金黄色或橙黄色。花期5—8月，果期6—9月。

习性用途：夏季优良观赏花木。全株入药，有清热解毒、祛风消肿的功效，并有抑菌作用。果能治肺病、百日咳。根能祛风湿、止咳。

种质资源：分布于陕西、安徽、福建、台湾、湖北、湖南、广东、广西、贵州、四川等地，现浙江、江西、山东、河南等地广为栽培。淮安市近年有引种栽培，常见于公园和道路绿化。

杨柳科 Salicaceae

中华红叶杨 *Populus* ‘Zhonghua Hongye’

形态特征：高大彩色落叶乔木。宽冠，雄性无飞絮。单叶互生，叶片大而厚，叶面颜色三季四变，叶片呈玫瑰红色，可持续到6月下旬，7—9月变为紫绿色，10月为暗绿色，11月变为杏黄或金黄色；树干7月底以前为紫红色；叶柄、叶脉和新梢始终为红色。花期4—6月，果期7—9月。

习性用途：生长速度快，抗性强，是营造速生丰产林的优良树种；同时树干通直圆满、挺拔，树体色泽亮丽，具有极高观赏价值，是城乡绿化美化优良树种。木材可用于造纸、胶合板生产等。

种质资源：淮安市有引种栽培，多见于公园和道路绿化。

加拿大杨（杨树） *Populus × canadensis*

形态特征： 落叶乔木。株高可达 30 m，胸径达 1 m。树干直；树皮粗厚，深沟裂，下部暗灰色，上部褐灰色；大枝微向上斜伸；树冠卵形；叶三角形或三角状卵形，先端渐尖，基部截形或宽楔形；花序轴光滑，苞片淡绿褐色，花盘淡黄绿色，花丝白色；蒴果卵圆形。花期 4 月，果期 5—6 月。

习性用途： 喜光，速生，萌芽力强。木材轻软细致，为建筑板料、火柴杆、造纸等用材。叶可做饲料。芽脂可做黄褐色染料。

种质资源： 淮安市普遍种植。分布于乡村河堤绿化、农田村网，可做行道树、四旁绿化和防护林。有栽培利用种质多份，最大胸径达 60 cm，主要品种有 I-69、I-72、苏 35、南林 95、南林 895、南林 3804、南林 3412 等。

垂柳 *Salix babylonica*

形态特征：乔木。株高可达 15 m。树皮灰黑色，具不规则沟纹；小枝细长，下垂，淡紫绿色、褐绿色或棕黄色，无毛或幼时有毛；芽线形，先端尖锐。叶片狭披针形或线状披针形，顶端长渐尖，基部楔形，有时歪斜，边缘有细锯齿，两面无毛或幼时有柔毛，叶背淡绿色。花期 3—4 月，果期 4—5 月。

习性用途：树形优美，适应性强，多做庭园观赏、道路绿化、固岸护堤、庭荫树种。木材可做器具和造纸原料。枝条可编织筐篮。柳絮可做椅垫、枕头等填塞物。枝和须根可祛风除湿。

种质资源：广泛分布于全国各地。淮安市有引种栽培，常见于公园和道路绿化。

腺柳　*Salix chaenomeloides*

形态特征： 小乔木。株高可达 16 m。小枝红褐色或褐色，有光泽。叶片长椭圆形、倒卵状披针形或长圆状披针形，叶面绿色，叶背苍白或灰白色，两面无毛；蒴果卵形。花期 4 月，果期 5 月。

习性用途： 树皮含鞣质。枝条供编织。木材可做器具和火柴杆。纤维可搓绳。

种质资源： 江苏各地均有野生或种植，耐水湿，多栽植于溪边沟旁。省外分布于辽宁、河北、陕西、四川等省。淮安市有野生分布，常见于公园绿化，清江浦区古黄河公园、盱眙县世纪广场等公园均有应用。

彩叶杞柳 *Salix integra* 'Hakuro Nishiki'

形态特征：灌木。株高可达 3 m。幼枝、芽和幼叶初时有毛，后皆无毛。树皮灰绿色；小枝黄色或淡红色，无毛，有光泽；芽棕褐色，卵圆形，无毛，先端尖锐。叶近对生或对生；叶片椭圆状长圆形。先叶开花。花期 4—5 月，果期 6 月。

习性用途：枝条供编织柳条箱、筐、篮、篓等。根系发达，成丛生长，可固堤、保水土。

种质资源：分布于东北以及内蒙古、河北、山东、河南等地。淮安市近年有绿化栽培，常见于四旁、公园和道路绿化。

柞木 *Xylosma congesta*

形态特征：灌木或小乔木。株高 2 ～ 15 m。枝有刺。叶片革质，卵形至长椭圆状卵形，顶端渐尖或微钝，基部圆形或宽楔形，边缘有细锯齿，两面无毛。总状花序腋生，花小，淡黄色或绿黄色，近圆形。花期 5 月，果期 9 月。

习性用途：喜光、耐寒、耐干旱瘠薄、耐火烧，不耐盐碱，材质坚硬。叶入药，能散瘀消肿。树皮烧末冲水服，治黄疸病、鼠瘘、难产，并有催生利窍作用。

种质资源：分布于陕西秦岭以南和长江以南各省。产于江苏南部，常生于村落附近。淮安市有引种栽培，常见于公园和道路绿化。

大戟科 Euphorbiaceae

山麻秆（山麻杆） *Alchornea davidii*

形态特征：落叶灌木。株高 1 ～ 5 m。嫩枝被灰白色短绒毛。叶片薄纸质，阔卵圆形或近圆形，基部心形、浅心形或近截平，边缘具粗锯齿或具细齿，齿端具腺体。早春嫩叶初放时红色、后转红褐色，茎干丛，茎皮紫红色。花期3—5 月，果期 6—7 月。

习性用途：可栽植供观赏。茎皮纤维为造纸原料。叶可做饲料。种子榨油，做涂料或制肥皂。茎、叶、皮药用，有解毒、杀虫、止痛的功效。

种质资源：分布于陕西、福建、江西、河南、湖北、湖南、贵州、四川、云南、广西北部等地。生于沟谷或溪畔、河边的坡地灌丛中。淮安市公园内常用绿化树种。

乌桕 *Triadica sebifera*

形态特征： 落叶乔木。株高可达 15 m。树皮暗灰色。小枝细。叶菱状卵形，先端尾状长渐尖，基部宽楔形，秋季落叶前常变为红色。花黄绿色。果扁球形，熟时黑褐色，3 裂。种子黑色，外披白蜡，固着于中轴上，经冬不落。花期 4—7 月，果期 10—11 月。

习性用途： 喜光，适温暖气候，耐水湿，不耐干燥瘠薄土壤。木材坚韧致密，供雕刻、家具、农具、车辆等用。叶有毒，可杀虫，不宜在鱼塘四周种植。

种质资源： 淮安市常见乡土园林植物，栽植于公园和道路绿化带。尤其在河道、湖岸等湿地栽植，园林景观效果突出。淮安市有古树种质 4 株，清江浦区 2 株，涟水县 1 株，盱眙县 1 株。最大树高 28 m，最大胸径 43 cm。

叶下珠科 Phyllanthaceae

重阳木 *Bischofia polycarpa*

形态特征：落叶乔木。株高可达 15 m，大枝斜展，树皮褐色，纵裂。小叶卵形或椭圆状卵形，纸质，基部圆或微心形，边缘具细密锯齿（4～5 个 /cm）。总状花序。花柱 2～3 个。花期 4—5 月，果期 10—11 月。

习性用途：喜光，稍耐阴，耐寒性较弱。对土壤要求不严。耐旱，耐瘠薄，耐水湿，抗风，生长快速，根系发达。木材深红褐色，坚硬耐用，耐水湿，少开裂，供建筑、桥梁、车辆、造船及枕木等用。

种质资源：淮安市常见园林植物，用于公园和道路绿化。淮安市动物园作为行道树种植，景观效果较佳。

一叶萩 *Flueggea suffruticosa*

形态特征：灌木。株高 1 ～ 3 m。多分枝；小枝浅绿色。叶片纸质，椭圆形或长椭圆形，稀倒卵圆形，花腋生。蒴果三棱扁球状，种子三棱卵球状，侧压扁状，褐色，有小疣状凸起。花期 3—8 月，果期 6—11 月。

习性用途：叶、花和果实均含一叶萩碱，对中枢神经系统有兴奋作用，能加强心脏收缩；嫩枝叶或根可活血舒筋、健脾益肾，有小毒。根含鞣质；根皮煮水，外洗可治牛、马虱子危害。茎皮纤维为纺织原料；枝条可编制用具。

种质资源：分布于除甘肃、青海、新疆和西藏以外的全国其他省（区）。常产于有山地、丘陵的县市，生于山坡灌丛中或山沟、路边。淮安市园林绿化、道路景观、居民小区与城市绿地中见有栽培。

算盘子　*Glochidion puberum*

形态特征：直立灌木。株高 1 ～ 5 m。小枝、叶片下面、萼片外面、子房和果实均密被短柔毛。多分枝，小枝灰褐色。叶片纸质或近革质，长圆形、长卵圆形或倒卵状长圆形；花小，狭长圆形或长圆状倒卵形；蒴果扁球状，成熟时带红色。种子近肾形，具三棱，红色。花期 4—8 月，果期 7—11 月。

习性用途：根、茎、叶均可药用，能散瘀活血、涩肠益气。全株煮水可做杀菜虫的农药；全株也可提制栲胶。种子榨油，供制皂或做润滑油。为酸性土壤的指示植物。

种质资源：分布于华东、华中、华南以及陕西、甘肃、四川、贵州、云南、西藏等地。江苏低山丘陵地区均有分布，生于山坡灌木丛中或林缘。淮安市有野生种质，在盱眙县铁山寺国家森林公园有零星分布。

青灰叶下珠 *Phyllanthus glaucus*

形态特征：灌木。株高可达 4 m。全株无毛。叶膜质，椭圆形或长圆形，先端尖，有小尖头，基部钝或圆，下面稍苍白色；托叶卵状披针形，膜质；花数朵簇生叶腋。萼片 6，卵形；雌花 1 朵与数朵雄花腋生；花盘环状。蒴果浆果状，紫黑色，萼片宿存；种子黄褐色。花期 4—7 月，果期 7—10 月。

习性用途：药用，根可治小儿疳积病。

种质资源：分布于长江流域以南地区。主要产于苏南地区，生于山地灌木丛中或稀疏林下。淮安市有野生种质，集中分布于盱眙县铁山寺国家森林公园。

桃金娘科 Myrtaceae

红千层 *Callistemon rigidus*

形态特征：小乔木。株高可达 7 m。树皮坚硬，嫩枝有棱，初时有长丝毛，不久变无毛。叶片坚革质，线形，先端尖锐，初时有丝毛，油腺点明显，干后突起，中脉在两面均突起，侧脉明显，边脉位于边上，突起；叶柄极短。穗状花序生于枝顶；萼管略被毛，萼齿半圆形；花瓣绿色，雄蕊鲜红色，花药暗紫色，花柱比雄蕊稍长。蒴果半球形，先端平截，萼管口圆，果瓣稍下陷；种子条状。花期 6—8 月。

习性用途：具有很高的观赏价值，被广泛应用于公园、庭院及街边绿地。小叶芳香，可供提香油；枝叶入药。

种质资源：淮安市园林绿化、道路景观与城市绿地中常见栽培。

千屈菜科 Lythraceae

紫薇 *Lagerstroemia indica*

形态特征： 落叶小乔木。株高可达 7 m。树皮平滑，灰色或灰褐色，枝干多扭曲。小枝四棱形，无毛。叶对生或近对生，纸质，椭圆形，短尖或钝，有时微凹，下面脉上有毛具短柄。顶生圆锥花序，花淡红、紫或白色。果卵圆状球形或阔椭圆形。花期 6—9 月，果期 9—12 月。

习性用途： 喜光，耐干旱，略耐阴，对土壤要求不严，喜生于肥沃湿润的土壤，忌积水，忌种在地下水位高的低湿地方。木材坚硬，耐腐，可做农具、家具、建筑等用材。

种质资源： 淮安市常见园林植物，公园绿化和道路景观常用树种。有栽培利用种质和古树名木种质。

石榴 *Punica granatum*

形态特征：落叶灌木或小乔木。株高 2 ～ 7 m。小枝圆形，或略带角状，顶端刺状，光滑，无毛。叶对生或簇生；叶片长倒卵形至长圆形或椭圆状披针形，顶端短尖、钝尖或微凹，叶面光泽，叶背中脉凸起；叶柄短。花期 6—7 月，果期 9—10 月。

习性用途：各部均可药用，根、茎皮、叶、花、果实和果皮功效多样。石榴皮的煮出液有杀虫效果。种子可榨油，供制皂；果皮与树皮混合水煮可得黑色染料；树皮、根皮和果皮均可提制栲胶；叶炒后可代茶叶。果实可食。

种质资源：原产于亚洲中部。全国各地都有栽培。淮安市有引种栽培，常见于公园、道路和庭院绿化。

漆树科 Anacardiaceae

南酸枣 *Choerospondias axillaris*

形态特征：落叶乔木。株高 10 ～ 20 m。树皮长片状剥落，小枝紫褐色。奇数羽状复叶，小叶片纸质，卵圆形、卵状长圆形或卵状披针形，花瓣长圆形，被毛，覆瓦状排列，外折，有褐色脉纹。核果椭球状，成熟时暗黄色。花期 4—5 月，果期 8—9 月。

习性用途：为速生树种，宜于荒山造林，也可作为庭荫树和行道树。木材纹理直，颜色美观，宜做农具和胶合板等。果可食和酿酒。树皮和果能消炎解毒、止痛止血。花期也为蜜源。

种质资源：分布于华东、华中、华南、西南各省（区）。淮安市园林绿化、道路景观与城市绿地中常见栽培。

黄栌 *Cotinus coggygria* var. *cinereus*

形态特征：落叶小乔木。株高 3 ～ 8 m。树冠圆形，木质部黄色，树汁有异味。单叶互生，叶片全缘或具齿，叶倒卵形或卵圆形。圆锥花序疏松、顶生，花小。核果小，干燥，肾形扁平，绿色。花期 5—6 月，果期 7—8 月。

习性用途：喜光，耐半阴，耐寒，耐干旱瘠薄，不耐水湿。生长快，根系发达，萌蘖性强。对二氧化硫有较强抗性。秋季叶色变红。

种质资源：常见园林植物，淮安市近年有引种栽培，用于公园绿化和道路景观。盱眙县泥沛村（今泥沛社区）1996 年从北京引进栽培。

黄连木 *Pistacia chinensis*

形态特征：落叶乔木。株高可达30 m。偶数羽状复叶，互生；小叶10～14枚，纸质，对生或近对生，卵状披针形，先端渐尖，基部斜楔形，全缘。花单性异株，先花后叶，花小。核果倒卵形至扁球形。花期2—4月，果期8—11月。

习性用途：喜光，畏严寒。耐干旱瘠薄，对土壤要求不严。深根性，主根发达，抗风力强。生长较慢，寿命可达300年以上。对二氧化硫、氯化氢和煤烟抗性较强。木材坚硬致密，可供家具和细工用材。

种质资源：淮安市乡土树种，公园、道路园林绿化有大量应用，园林苗圃存有一定量的种苗，盱眙县林总场建有省级种质资源库。有古树名木种质27株，保存在盱眙县，集中在鲍集镇、天泉湖镇、官滩镇、河桥镇等乡镇。最大树龄约520年，最大树高28 m，最大胸径166 cm。

盐麸木（盐肤木） *Rhus chinensis*

形态特征： 落叶小乔木或灌木。株高 5 ～ 6 m。枝开展，被灰褐色柔毛，密布皮孔和残留的三角形叶痕。奇数羽状复叶，互生；小叶 7 ～ 13 枚，在叶轴上自基向顶逐渐增大；叶轴常有狭翅，叶轴和叶柄密被锈色柔毛；小叶片卵圆形至卵状椭圆形，顶端急尖，基部圆形至楔形，边缘有粗锯齿，叶背灰白色，有棕褐色柔毛，脉上尤密，小叶柄近无。圆锥花序顶生，宽大，多分枝，花瓣乳白色，倒卵状长圆形。花期 8—9 月，果期 10 月。

习性用途： 幼枝和叶上寄生的虫瘿即中药“五倍子”，可提取鞣质和墨色染料；根、叶、花、果以及树皮和根皮均可药用，功效各异。种子可榨油，供制皂及润滑油，也可食用，还可取蜡。秋季叶片变色，可供观赏。

种质资源： 除新疆、青海两地外全国均有分布。江苏各地均产，生于山坡林中。淮安市城市公园绿地中多有栽培。

火炬树 *Rhus typhina*

形态特征：落叶灌木或小乔木。株高 5 ～ 8 m。小枝、叶柄、叶轴和花序密生灰绿色柔毛。树皮灰褐色；小枝茂密。奇数羽状复叶，小叶片长圆形至披针形。花序为密集的圆锥花序，顶生，直立；花小，淡绿色。核果紧密聚生，果穗鲜红色，状如火炬；小核果圆球状，深红色，密生红色绒毛。花期 6—7 月，果期 8—9 月。

习性用途：因果序红色似火炬而得名“火炬树”。秋季叶变红或橙红，花、果均为深红色。可供观赏，常作为园林风景植物和行道树。可在沙土或砾质土上生长，也为荒山绿化先锋树种。

种质资源：原产于北美洲。20 世纪 60 年代引入中国，现广泛栽培，尤以北方地区居多。江苏多地有引种栽培。淮安市园林绿化、道路景观与城市绿地中常见栽培。

漆 *Toxicodendron vernicifluum*

形态特征：落叶乔木。株高可达 20 m。树皮灰白色，粗糙，呈不规则的纵裂；小枝粗壮，有棕褐色柔毛和明显的叶痕和凸起的皮孔。奇数羽状复叶，小叶片卵状椭圆形至长椭圆形。圆锥花序，花瓣黄绿色。核果扁圆球状或肾状，外果皮棕黄色，光滑无毛，中果皮蜡质，具树脂道条纹，果核棕色，坚硬。花期 5—6 月，果熟期 10 月。

习性用途：喜温暖湿润气候，忌风，生长于湿润的山坡林内。对土壤条件要求不严。树干韧皮部可割取生漆，是优良的防腐、防锈涂料，不易氧化。种子油可制油墨、肥皂。叶可制栲胶。木材供建筑用。

种质资源：分布于华东、华中、西南、西北（青海和新疆除外）以及辽宁、河北、山西等地。多生于向阳避风山坡上。淮安市有野生种质，在盱眙县铁山寺国家森林公园有零星分布。生长状态较差，急需保护措施。

无患子科 Sapindaceae

三角槭 *Acer buergerianum*

形态特征：落叶乔木。株高 5 ~ 10 m。当年生枝紫色或紫绿色，近于无毛。叶片纸质，倒卵状三角形、倒三角形或椭圆形。伞房花序顶生，花于叶后开放，花瓣淡黄色，狭披针形或匙状披针形。翅果棕黄色，两果翅均呈镰刀状，两翅开展成锐角或近钝角。花期 4—5 月，果熟期 9—10 月。

习性用途：为园林绿化树种，也可做绿篱。木材材质优良，用途广泛。种子油脂可用于制作油漆和机械润滑油等。树皮、叶可提制栲胶。

种质资源：分布于长江流域各省，北达山东省，南至广东省。产于江苏各地，生于山坡灌丛中。淮安市园林绿化、道路景观与城市绿地中常见栽培。

青榨槭 *Acer davidii*

形态特征：落叶乔木。株高 10 ～ 15 m。树皮绿色，有白色条纹；小枝绿色，有环纹，竹节状。叶片不分裂，卵圆形或长卵圆形。总状花序，下垂；花杂性，与叶同放，花瓣倒卵圆形。翅果黄褐色，两翅开展成钝角或近水平。花期 4—5 月，果熟期 8—9 月。

习性用途：常做绿化树种。茎皮纤维为造纸原料；木材为细木工用材；树皮及叶可制栲胶。花有祛风除湿、活血化瘀的功效。

种质资源：分布于华北、华东、中南、西南各省（区）。产于江苏各地，生于山坡林中。淮安市有野生种质，在盱眙县铁山寺国家森林公园有零星分布。

鸡爪槭 *Acer palmatum*

形态特征：落叶小乔木。株高 5 ～ 8 m。树冠伞形。树皮平滑，深灰色。小枝紫或淡紫绿色，老枝淡灰紫色。叶近圆形，基部心形或近心形，掌状，掌状 7 深裂，密生尖锯齿。后叶开花，花紫色，杂性，雄花与两性花同株，花瓣椭圆形或倒卵形。幼果紫红色，熟后褐黄色，果核球形。花期 5 月，果期 9 月。

习性用途：喜光，较耐阴，在高大树木庇荫下长势良好。对二氧化硫和烟尘抗性较强。其叶形美观，入秋后转为鲜红色，色艳如花，灿烂如霞，为优良的观叶树种。

种质资源：常见园林植物，淮安市有引种栽培，用于公园和道路绿化。

红枫（红鸡爪槭） *Acer palmatum* 'Atropurpureum'

形态特征：落叶小乔木。株高 5 ～ 8 m。树冠伞形。树皮平滑。树皮深灰色。为鸡爪槭的变型，花顶生伞房花序，紫色。花期 4—5 月，果期 10 月。

习性用途：喜光，较耐阴，在高大树木庇荫下长势良好。对二氧化硫和烟尘抗性较强。其叶形美观，红色鲜艳持久，枝序整齐，层次分明，错落有致，为优良的观叶树种。

种质资源：常见园林植物，淮安市有引种栽培，用于公园和道路绿化。

五角槭 *Acer pictum* subsp. *mono*

形态特征：落叶乔木。株高可达 20 m。有白色乳汁。小枝灰黄或灰色。叶纸质，宽矩圆形，掌状 5 裂，稀 3 裂或 7 裂，基部近心形，裂片三角状卵形，先端长渐尖，全缘，下面仅脉腋被有簇毛。花黄绿色，伞房状花序顶生。小坚果扁平，平滑。花期 5 月，果期 9 月。

习性用途：稍耐阴，深根性，喜湿润肥沃土壤。木材坚硬、细密，可供建筑、车辆、乐器和胶合板等制作用。秋叶黄、红或橙色。

种质资源：淮安市公园绿化有少量应用。

苦条槭（苦条枫） *Acer tataricum* subsp. *theiferum*

形态特征：落叶乔木或呈灌木状。株高 3～10 m。树皮灰色，粗糙；小枝细，几无毛；叶纸质，长卵圆形或椭圆状长圆形。伞房花序顶生，花瓣长圆状卵圆形，白色。翅果幼时黄绿色，熟后紫红色，无毛；小坚果的果体突起，有长柔毛，后逐渐脱落，两果翅近直立或成锐角。花期 4—6 月，果熟期 9—10 月。

习性用途：叶和幼枝有清热明目、抗菌的功效。嫩叶可代茶，浙江的“桑芽茶”即由本种的干燥叶芽及嫩叶制成。茎和叶可做黑色染料。

种质资源：分布于东北、华北以及陕西、宁夏、甘肃、河南等地。产于江苏各地，生于山坡林中或林缘。淮安市有野生种质，在盱眙县铁山寺国家森林公园有分布。

元宝槭（元宝枫） *Acer truncatum*

形态特征：落叶乔木。株高 8 ～ 10 m。树皮纵裂。单叶对生，主脉 5 条，掌状。花黄绿色。花期 5 月，果期 9 月。

习性用途：深根性树种，萌蘖力强，生长缓慢，寿命较长；较喜光，稍耐阴，较耐寒。耐旱，不耐涝。对土壤要求不严，病虫害较少。对二氧化硫等有害气体抗性较强，吸附粉尘的能力亦较强。木材坚硬细密，可做特殊用材。树姿优美，叶形秀丽，嫩叶红色，秋季叶又变成黄色或红色，为著名秋季观叶树种。

种质资源：淮安市洪泽区尾水湿地、淮安区白马湖农场、淮阴区马头镇有栽培。常见园林植物，用于公园和道路绿化。

七叶树 *Aesculus chinensis*

形态特征： 落叶乔木。株高可达 20 m，胸径达 1 m。小枝具白色皮孔。掌状复叶，小叶 5 ～ 7 枚，长圆状倒卵形或长圆倒披针形。顶生聚伞圆锥花序，两性花位于花序下部，花白色，花瓣 4，倒匙形，不等大。果黄褐色，近梨形，顶端有短尖头。种子种脐淡白色，约占种子的 1/3。花期 4—5 月，果期 9—12 月。

习性用途： 稍耐阴，喜湿润肥厚土壤。木材黄褐色微红，有光泽，纹理直，结构细，为包装箱、绘图板、胶合板用材。

种质资源： 常见园林植物，淮安市有引种栽培，用于公园和道路绿化。

复羽叶栾（复羽叶栾树、黄山栾树） *Koelreuteria bipinnata*

形态特征：落叶乔木。株高可达 15 m。小枝被柔毛，具疣点。二回羽状复叶，小叶 9 ～ 17 枚，互生，稀对生，斜卵形，纸质，卵形至卵状披针形，有明显的锯齿或疏锯齿或分裂。圆锥花序大，被微柔毛。花淡黄色，花瓣 4，初橙红色，线状长椭圆形。蒴果椭圆形或近球形，具 3 棱，淡紫红色，熟时褐色，长 4 ～ 7 cm，顶端钝圆，有小凸尖，果瓣椭圆形或近圆形。花期 6—8 月，果期 9—10 月。

习性用途：喜光，耐干旱瘠薄，耐寒，深根性。萌芽力强，速生。木材黄白色，易加工，宜做板材及农具。

种质资源：常见园林植物，淮安市有引种栽培，用于公园和道路绿化。

无患子 *Sapindus saponaria*

形态特征：落叶乔木。株高可达 20 m。树皮灰白色。小枝圆柱形。羽状复叶，小叶互生或近对生，小叶卵状披针形或长圆状披针形，基部偏楔形，两面无毛，网脉清晰。肉质核果，橙黄色，干时微亮。种子近球形，光滑。花期 5—6 月，果期 10—11 月。

习性用途：喜光，稍耐阴，耐寒能力较强。对土壤要求不严。深根性，抗风力强。不耐水湿，能耐干旱。萌芽力弱，不耐修剪。生长较快，寿命长。对二氧化硫抗性较强。木材边材黄白色，心材黄褐色，可制器具、箱板、玩具，尤宜制木梳。

种质资源：常见园林植物，淮安市有引种栽培，用于公园和道路绿化。

芸香科　Rutaceae

柑橘　*Citrus reticulata*

形态特征： 小乔木。株高可达 5 m。枝条细而柔软，密生。叶片菱状，长椭圆形。花单生或簇生。花瓣白色，长圆形。果实扁圆球形，橙红色，味甜而带酸。种子多；多胚，子叶淡绿色。花期 5 月，果熟期 10 月下旬。

习性用途： 果实为著名的水果。成熟果实的外果皮、中果皮与内果皮之间的维管束群（橘络，又称橘筋），核仁，未成熟的幼果或外果皮（青皮，又名个青），叶等均可供药用，功效各异。果实除鲜食外，还可制蜜饯、橘饼等。种子油可制皂及润滑油。

种质资源： 产于长江以南各省（区）。栽培广泛，野生罕见。淮安市园林绿化、道路景观与城市绿地中有栽培。

枳 *Citrus trifoliata*

形态特征：落叶灌木或小乔木。株高可达 7 m。分枝多且常曲折，有长、短枝之分，三出复叶，偶有单叶或 2 枚小叶。花单生或成对生于叶腋，先叶开放。花瓣白色，匙形。柑果圆球状，成熟时橙黄色，密被细柔毛。种子多数，白色，卵状长圆形。花期 4—5 月，果熟期 10 月。

习性用途：根皮、花、果皮、种子及果实（幼果称枳实，成熟果称枳壳）能破气消积、疏肝理气、止痛。果和花均含挥发油。常栽培做绿篱。

种质资源：产于连云港、南京、镇江、扬州、苏州等市。分布于华东、华中及山西、陕西、甘肃、广东、广西、贵州等地。淮安市园林绿化、道路景观与庄台绿化中常见栽培。

吴茱萸 *Tetradium ruticarpum*

形态特征：落叶灌木，很少为小乔木。株高可达5 m。小枝紫褐色，初被毛，后渐脱落。羽状复叶；小叶片长椭圆形或卵状椭圆形，雄花序的花较疏离，雌花序的花多密集。蓇果暗紫红色，表面有粗大油点，通常有2～4分果瓣，每分果瓣有1种子。花期7—8月，果期9—10月。

习性用途：果、叶、根、茎及皮均可散寒、止痛、解毒、杀虫。果实和全株可提制挥发油，种子可榨油。木材可做农具、细木工及一般器具用材。为优良的园林绿化树种，适宜栽植于林缘和沟边。

种质资源：分布于华东、华中及陕西、甘肃、广东、广西、四川、贵州、云南等地。生于疏林中或林边旷地，南京市、镇江市、宜兴市等地园圃中有引种栽培。淮安市园林绿化、道路景观与城市绿地中偶有栽培。

竹叶花椒（竹叶椒） *Zanthoxylum armatum*

形态特征：灌木或乔木。株高可达 5 m。枝条攀缘状，光滑；皮刺对生，基部扁宽。小叶片披针形或椭圆状披针形。花序近腋生或同时生于侧枝之顶。蓇葖果紫红色，有少数微凸起的油点。种子卵球状，褐黑色。花期 5—6 月，果熟期 8—9 月。

习性用途：根、茎、叶、果及种子均可药用，能祛风散寒、行气止痛、消肿杀虫。果皮和嫩叶可做食品调味料及防腐剂，种子可榨油，果实和枝叶均可提取芳香油。在园林中常做刺篱，也可盆栽供观赏。

种质资源：分布于我国中部、南部和西南地区。产于南京、无锡、苏州、镇江、扬州等市，生于山坡、丘陵的丛林或荒草中。淮安市有野生种质，在盱眙县铁山寺国家森林公园有分布，群落较大，生长旺盛。

苦木科 Simaroubaceae

臭椿 *Ailanthus altissima*

形态特征：落叶乔木。株高可达 20 m。树皮浅纵裂，灰色或淡褐色。奇数羽状复叶。小叶卵状披针形，基部截形，两侧不对称，每边具 1 ～ 2 对粗齿。花小，绿白色。翅果长圆状椭圆形，稍红褐色，上翅扭曲种子 1 枚，位于中部。花期 4—5 月，果期 8—10 月。

习性用途：喜光，耐寒，耐旱，不耐水湿，长期积水会烂根死亡，不耐阴。深根性。木材轻韧，有弹性，纹理直，软硬适中，耐腐，耐水湿，供车辆、农具、家具、胶合板内层等用材。

种质资源：淮安市常见乡土园林植物，公园绿化和道路景观常用树种。有栽培利用种质，最大树高可达 20.5 m，最大胸径 57 cm，开花结果旺盛。

苦木（苦树） *Picrasma quassioides*

形态特征：落叶乔木。株高可达 10 m。树皮紫褐色，平滑；叶、枝、皮均极苦。奇数羽状复叶；小叶片卵状披针形或广卵圆形，花雌雄异株，组成腋生的复聚伞花序；花瓣与萼片同数，卵形或阔卵形。核果卵球状，成熟后蓝绿色。花期 4—5 月，果熟期 6—9 月。

习性用途：根、茎和树皮有清热燥湿、解毒、杀虫的功效，树皮也可做兽药，树皮、木质部及叶也为植物源农药。木材供制器具。

种质资源：分布于除黑龙江、吉林、内蒙古、青海、新疆以外的全国其他省（区、市）。产于连云港市等地，生于山坡林中。淮安市有野生种质，在盱眙县铁山寺国家森林公园有零星分布。

楝科 Meliaceae

楝（楝树） *Melia azedarach*

形态特征： 落叶乔木。株高可达 20 m。树皮灰褐色，纵裂。枝条广展，小枝有叶痕。二至三回羽状复叶，小叶卵形、椭圆形至披针形，基部楔形或宽楔形，边缘钝锯齿。花序与叶等长。花芳香。萼 5 裂。花瓣 5 片，淡紫色。雄蕊管紫色。果近球形或椭圆形。种子椭圆形。花期 4—5 月，果期 10—11 月。

习性用途： 喜光，喜肥沃湿润条件，能耐干瘠，抗烟尘及二氧化硫。木材淡褐色，芳香，弹性好，耐腐，为建筑、板料、农具、车辆、家具面板材。

种质资源： 淮安市常见乡土园林、四旁绿化植物，公园绿化和道路景观常用树种。涟水县五岛湖公园内有古树 1 株，树龄 105 年，树高 14.2 m，胸径 43 cm，冠幅 11 m，生长良好，开花结果量大。

香椿 *Toona sinensis*

形态特征： 落叶乔木。株高可达 25 m。幼叶被白粉，微被毛或无毛。叶对生或互生，纸质，叶揉碎有香气，卵状披针形或卵状长椭圆形，全缘或具疏生钝齿，无毛。花序与叶等长或更长。果椭圆形，种子上部有翅，红褐色。花期 6 月，果期 10—11 月。

习性用途： 喜光，较耐寒，较耐湿。木材坚硬，有光泽，耐腐，是家具、室内装饰及造船优良用材。幼芽、嫩叶芳香可口，供蔬食。

种质资源： 分布于华北、华东、中部和南部各省（区、市），淮安市常见园林和庭院植物，居民小区栽培居多。全市古树名木有 3 株，涟水县 1 株，盱眙县 2 株，均为三级古树，最大树龄 175 年，最大株高 27.9 m，最大胸径 50 cm。

锦葵科 Malvaceae

梧桐 *Firmiana simplex*

形态特征：落叶乔木。株高可达 16 m，胸径达 50 cm。主干光洁，分枝高，树皮绿色或灰绿色，常不裂。小枝粗壮，绿色。芽鳞被锈色柔毛。叶心形，掌状 3 ~ 5 裂，裂片全缘，基部心形、基生脉 7 条；叶柄与叶片等长。圆锥花序。果皮开裂呈叶状，匙形，网脉显著，外被短茸毛或近无毛。种子形如豆粒。花期 6 月。

习性用途：喜光、耐旱，忌水湿。木材轻软，为制木匣和乐器的良材。树皮纤维可供造纸和编绳。种子可食用和榨油。

种质资源：淮安市常见乡土园林植物，公园绿化和道路景观常用树种，有栽培利用种质，最大树高 11.5 m，胸径 26 cm，开花结果正常。

扁担杆　*Grewia biloba*

形态特征：落叶灌木或小乔木。株高可达 3 m。小枝被粗毛及星状毛。叶片狭菱状卵形或狭菱形。聚伞花序茎生，具短梗；花淡黄绿色。核果成熟时橙红色，无毛，内有种子 2 ～ 4 粒。花期 6—7 月，果期 8—9 月。

习性用途：根、茎、叶药用，有健脾益气、祛风除湿、固精止带的功效，亦可治小儿疳积等症。茎皮纤维色白、质地软，可制人造棉，宜混纺或单纺；去皮茎秆可供编织用。

种质资源：分布于江西、福建、台湾、浙江、安徽、湖南、广东、广西等地。产于江苏各地，常生于丘陵、低山路边灌丛或疏林中。淮安市园林绿化、道路景观与城市绿地中常见栽培。

木芙蓉 *Hibiscus mutabilis*

形态特征：落叶灌木或小乔木。株高可达 3 m。茎、叶、花柄、苞片及花萼均密被星状毛与直毛相混的细茸毛。叶片宽卵形、卵状心形或卵圆形，常 5 ～ 7 掌状分裂，裂片三角形，先端渐尖，边缘有钝齿。花单生于枝端叶腋，花初开时白色或粉红色，开后逐渐变深。花果期 8—11 月。

习性用途：我国栽培历史悠久的园林观赏植物。茎皮含纤维素 39%，可做缆索和纺织品原料，也可造纸。花、叶和根皮入药，有清凉、解毒和消肿作用。

种质资源：原产于湖南省，现全国各地以及日本和东南亚各国有栽培。淮安市有引种栽培，常见于公园绿化。

木槿 *Hibiscus syriacus*

形态特征： 落叶灌木。株高 3 ～ 4 m。嫩枝、苞片、花柄、花萼和果实均被星状茸毛。叶片菱形或三角状卵形，3 裂或不裂，基出脉 3 或 5 条，边缘有不整齐缺齿，先端钝，基部楔形。花单生枝端叶腋，淡紫色。花期 7—10 月。

习性用途： 优良的园林观赏树种，亦可密植做绿篱和花墙。全株入药，能清凉利尿。花供药用，治白带、痢疾。果实称“朝天子”，治偏正头风。茎皮入药，称“川槿皮”。茎皮纤维供造纸和编织。

种质资源： 原产于我国中部各省，现全国各地均有栽培。淮安市有引种栽培，常见于四旁、公园和道路绿化。

糯米椴 *Tilia henryana var. subglabra*

形态特征：乔木。株高可达 18 m。小枝和顶芽秃净无毛，叶背除脉腋有毛丛外，其余秃净无毛；苞片仅背面有稀疏星状柔毛。叶片卵圆形或宽卵形，先端有短尾尖，基部斜心形或斜截形，边缘有锯齿。聚伞花序伞房状。核果倒卵形。花期 7 月，果期 9 月。

习性用途：茎皮纤维可制人造棉、麻袋、绳索。木材可做屋梁、桥梁、枕木、坑木等，也可制家具。嫩叶可做茶的代用品。花也为优质蜜源。

种质资源：分布于华东及华中地区。产于南京市、句容市、宜兴市等地，常生于山坡疏林或混生于落叶阔叶林中。淮安市有野生种质，在盱眙县铁山寺国家森林公园有零星分布。

南京椴 *Tilia miqueliana*

形态特征：乔木。株高可达 20 m。幼枝及顶芽均密被黄褐色星状柔毛。叶卵圆形，叶面无毛，叶背被灰色或灰黄色星状柔毛。聚伞花序，核果近球形，密被星状茸毛，有小突起。花期 6—7 月，果期 8—10 月。

习性用途：为优良的行道树和庭荫树。茎皮纤维可制人造棉，也是优良的造纸原料。木材坚韧，可做农具、家具等。花为优质蜜源，并含少量芳香油。树皮及根入药，为镇静剂及发汗药。

种质资源：分布于浙江、安徽、江西、广东等省。产于徐州市、连云港市（云台山）、淮安市、镇江市、南京市等地，常生于山坡、沟谷或疏林中。淮安市有野生种质，在盱眙县铁山寺国家森林公园有零星分布。

瑞香科 Thymelaeaceae

芫花 *Daphne genkwa*

形态特征：落叶灌木。株高最高可达 1 m。茎多分枝，幼枝有淡黄色绢状柔毛，老枝褐色或带紫红色，无毛或有疏柔毛。叶对生，很少互生；叶片长椭圆形、椭圆形或卵状披针形。花萼花瓣状，紫色或粉红色。核果长圆球状，肉质，白色。花期 3—5 月，果期 6—7 月。

习性用途：茎皮纤维柔韧，为高级文化用纸的原料，也可做人造棉原料。花蕾为泻下利尿药，枝皮能活血、解毒等。全株亦可做土农药。

种质资源：分布于长江流域以南以及陕西、甘肃、山东、河南、山西、河北等地。江苏普遍分布，生于山坡、路边或疏林中。淮安市有野生种质，在盱眙县铁山寺国家森林公园有零星分布。

结香 *Edgeworthia chrysantha*

形态特征：灌木。株高可达 2 m。茎皮韧性强；嫩枝有绢状柔毛，枝条粗壮，棕红色或褐色，常呈三叉状分枝，有皮孔。叶片纸质，椭圆状长圆形或椭圆状倒长披针形，基部楔形、下延，顶端急尖或钝，叶面有疏柔毛，叶背有长硬毛。集成下垂的头状花序。花期 3—4 月，果熟期 8 月。

习性用途：茎皮纤维可造纸和人造棉。全株药用，能舒筋接骨、消肿止痛；茎、叶亦可做土农药。植株姿态优美，花多结集成绒球状，浓郁芳香，为上佳的早春观赏植物。

种质资源：分布于长江流域以南地区。淮安市近年有引种栽培，常见于公园绿化。

柽柳科 Tamaricaceae

柽柳 *Tamarix chinensis*

形态特征：灌木或小乔木。株高 3 ～ 6 m。树皮红褐色；小枝细弱，下垂，暗紫红色或淡棕色。叶片卵状披针形，叶背有突起的脊，先端内弯。花粉红色，每年开花 2 ～ 3 次。蒴果圆锥形，种子有毛。花期 4—9 月，果期 10 月。

习性用途：生于河流冲积平原、河滩、沙荒地、潮湿盐碱地及沿海滩涂。嫩枝叶入药，有散风、解表、透疹的功效。花也可药用，治风疹。树皮可提制栲胶。细枝条用于编筐等。木材质密而重，可制农具。适用于营造滨海防护林及盐碱地、荒漠造林，也可栽植于庭园、公园供观赏。

种质资源：分布于华北以及辽宁、陕西、甘肃、宁夏、青海等地，栽培于东部、南部及西南地区。江苏省内在盐城、南通、连云港等沿海各市有野生分布，淮安市有绿化应用，多见于湿地公园，在淮安市动物园、古淮河国家湿地公园、钵池山公园等见栽种。周恩来故居有古树 1 株，树龄约 120 年，树高 8 m，胸径 51 cm。

蓝果树科 Nyssaceae

喜树 *Camptotheca acuminata*

形态特征：落叶乔木。株高可达 30 m，小枝髓心片状分隔。叶纸质，长圆状卵形或椭圆形、长椭圆形，全缘，上面亮绿色，下面淡绿色，疏被柔毛，脉上更密。头状花序顶生或腋生。花期 5—7 月，果期 9—11 月。

习性用途：喜光，较耐水湿，不耐严寒和干燥。萌芽率强。干形端直，木材轻软，不耐腐，易加工，供制包装箱、火柴杆、乐器、音箱等。

种质资源：淮安市园林植物，常用于公园和道路绿化。

绣球科　Hydrangeaceae

齿叶溲疏　*Deutzia crenata*

形态特征：灌木。株高 1 ～ 3 m。小枝疏被星状毛；老枝无毛，枝皮片状脱落。叶片卵形或卵状披针形，先端渐尖或急渐尖，基部圆形或阔楔形，边缘具细圆齿。圆锥花序具多花，疏被星状毛。花瓣白色。花期5—6月，果期8—10月。

习性用途：花美观，观赏价值很高，栽培品种较多。

种质资源：原产于日本。中国大部分地区引种栽培。淮安市近年有引种栽培，常见于公园和道路绿化。

绣球 *Hydrangea macrophylla*

形态特征：灌木。株高 0.5 ～ 4 m。茎常于基部发出多数放射状枝而成圆球状灌丛。叶对生；叶片纸质或近革质，倒卵形或阔椭圆形，伞房状聚伞花序排成近球形，蒴果长陀螺状。花期 6—8 月。

习性用途：适生于有一定的荫蔽之处。花色多变，可配植于庭院中，也可盆栽供观赏。根、叶和花均含抗疟生物碱，均有清热和抗疟的功效。

种质资源：全国各地均有园林绿化应用。淮安市部分非城市公园园艺品种较多，在淮安市动物园、古淮河国家湿地公园、钵池山公园等见栽种。

山茱萸科 Cornaceae

红瑞木 *Cornus alba*

形态特征：落叶灌木。株高可达 3 m。幼枝、叶、花序、花均被淡白色短柔毛。树皮紫红色；一年生小枝老后紫红色，无毛、常有白粉，略具突起的环形叶痕，髓部白色。叶对生；叶片卵形至椭圆形，先端突尖，基部楔形或阔楔形，边缘全缘或波状反卷。房状聚伞花序顶生。花期 6—7 月，果熟期 9 月。

习性用途：秋叶鲜红、枝干红艳，是少见的观茎树种之一，也可做插花材料。种子含油量约 30%，可榨油供工业用。树皮和枝叶有清热解毒、止痢、止血作用；果可滋肾强壮，做强壮药。

种质资源：生于山坡林缘。分布于东北以及内蒙古、河北、陕西、山东等地。江苏城镇有栽培。淮安市近年有引种栽培，常见于公园绿化。

灯台树 *Cornus controversa*

形态特征：落叶乔木。株高可达 15 m。树皮光滑，暗灰色；当年生枝条紫红绿色，无毛。叶互生；叶片阔卵圆形、阔椭圆形或披针状椭圆形。伞房状聚伞花序顶生，花瓣白色。核果圆球状，成熟时紫红色至蓝黑色；果核圆球状，顶端有方形孔穴。花期 5 月，果熟期 8—9 月。

习性用途：可作为行道树和庭荫树。木材供建筑、雕刻和制作各种器具。为木本油料植物，果实榨油，供制皂及润滑油。树皮可提制栲胶。叶有消肿止痛的功效。花期还为蜜源。

种质资源：分布于辽宁、山东、浙江、安徽、江西、湖北、广东、广西、四川、贵州、云南、台湾等地。生于苏南山区的山坡杂林中。淮安市有引种栽培种质，收集保存于淮安区白马湖农场。

四照花 *Cornus kousa* subsp. *chinensis*

形态特征：落叶灌木或小乔木。株高 3 ～ 5 m。树皮灰褐色，平滑；一年生枝密被柔毛，二年生枝红褐色，近无毛。叶对生；叶片纸质或厚纸质，卵形或卵状椭圆形，先端渐尖，有尖尾，基部宽楔形或圆形，边缘全缘或有明显的细齿。头状花序球形，总苞片白色，稀粉红色，花萼管状，上部 4 裂片。花期 5—6 月，果期 7—8 月。

习性用途：果实味甜可食，又可作为酿酒原料。常栽植供观赏。

种质资源：分布于华东、华中以及内蒙古、山西、陕西、甘肃、四川、贵州、云南等地。淮安市有引种栽培，常见于公园绿化。

梾木 *Cornus macrophylla*

形态特征：落叶乔木或灌木。株高可达 15 m。一年生枝条赤褐色，有棱。叶对生；叶片纸质，椭圆状卵形至长圆形，顶端渐尖，基部宽楔形，有时不对称，边缘略有波状小齿。顶生二歧聚伞花序圆锥状，花序梗红色。花期 7—8 月，果熟期 10 月。

习性用途：可作为行道树和观赏树。种子油供制皂和做工业润滑油。树皮及叶可提制栲胶，还可提取紫色染料。木材可供建筑及制作家具。心材可活血止痛、安胎。叶、树皮和根均可祛风通络。

种质资源：分布于陕西、甘肃、山东、浙江、湖北、湖南、四川、贵州、云南、台湾等地。生于山坡或溪边杂木林中。淮安市有引种栽培，常见于公园绿化。

毛梾 *Cornus walteri*

形态特征：落叶乔木。株高可达 12 m。幼枝、叶、花序、花等各部密被白色贴生短柔毛。树皮浅褐色，常纵裂成长条；小枝成长后光滑，无毛，绿白色至灰黑色。叶对生；叶片椭圆形至长椭圆形。伞房状聚伞花序顶生，花瓣白色。核果球状，成熟时黑色。花期 5—6 月，果熟期 8—10 月。

习性用途：树冠美丽，可作为观赏、绿化造林及水土保持树种。木材为家具、车辆和农具等用材。为木本油料植物，种子油为优质食用油，对高血脂症有一定疗效，还可用于制皂或做高级润滑油及油漆原料等。花期也为蜜源。

种质资源：分布于辽宁、河北、山西、陕西、山东、湖北、四川、云南等省。生于苏南地区山地的向阳山坡。淮安市有野生种质，在盱眙县铁山寺国家森林公园有群落分布，生长良好，种群较大。

光皮梾木 *Cornus wilsoniana*

形态特征：落叶乔木。株高 5 ～ 18 m。树皮片状脱落，灰色至青灰色；幼枝灰绿色，略具 4 棱。叶对生；叶片纸质，椭圆形或宽椭圆形，顶端长渐尖，基部楔形，边缘波状，微反卷。圆锥状聚伞花序近于塔形，顶生。花期 6 月，果期 10—11 月。

习性用途：树形美观，为理想的庭荫树和绿化树种。果实榨油，食用价值较高，供工业用或食用。叶可做饲料，也为良好的绿肥。木材坚硬、纹理致密而美观，为家具及农具用材。

种质资源：分布于湖北、湖南、贵州、四川、广东、广西等省（区）。淮安市有引种栽培，常见于公园绿化。

柿科 Ebenaceae

柿（柿树） *Diospyros kaki*

形态特征： 落叶乔木。株高可达 10 m。树皮黑灰色，方块状开裂。叶卵状椭圆形、倒卵状椭圆形或长圆形，近革质。叶柄被柔毛。花黄白色，雌雄异株或杂性同株，雄花成短聚伞花序，雌花及两性花单生叶腋。果皮薄，熟时橙黄或朱红色，无毛。花期 5—6 月，果期 9—10 月。

习性用途： 喜光，能耐 -20℃的低温，对土壤要求不严。结实早，寿命长，产量高。主要品种有磨盘柿、鸡心柿、古荡柿、大红柿、水柿、牛心柿等。木材坚硬，韧性强，耐腐，常用作家装贴面胶合板。

种质资源： 淮安市常见乡土树种、园林植物，栽植于公园和庭院。有古树名木种质 4 株，其中涟水县 2 株，盱眙县 2 株；最大树龄 205 年，最大树高 14 m，最大胸径 73 cm，保存于盱眙县黄花塘镇。

君迁子 *Diospyros lotus*

形态特征：落叶乔木。株高可达 15 m，小枝及叶柄密生黄褐色柔毛，叶椭圆状卵形，矩圆状卵形或倒卵形，先端短尖，基部宽楔形或近圆形，下面淡绿色，有褐色柔毛，叶较小，果径仅 1.5 ～ 5 cm。花期 5—6 月，果期 10—11 月。

习性用途：喜光，耐旱，耐水湿，耐半阴，较耐寒。对土壤要求不严，较耐瘠薄。抗二氧化硫的能力较强。木材的边材含量大，收缩大，干燥困难，耐腐性不强，但致密质硬，韧性强，表面光滑，耐磨损，可做纺织木梭、芋子、线轴，又可做家具、箱盒、装饰用材和小用具、提琴的指板和弦轴等。

种质资源：淮安市常见乡土园林植物，公园绿化和道路景观常用树种。多为栽培利用种质，适应性强，结果量大，果实香甜。淮安市有野生种质，在盱眙县铁山寺国家森林公园有零星分布。

老鸦柿 *Diospyros rhombifolia*

形态特征：落叶小乔木或灌木。株高 2 ～ 8 m。树皮灰褐色，平滑；枝有刺，无毛，深褐色或黑褐色，散生椭圆形皮孔；嫩枝带淡紫色，有柔毛。叶片卵状菱形至倒卵形。花单生叶腋。花冠白色。浆果卵球状，熟时橙红色或红色，有蜡质及光泽。种子褐色，半球形或近三棱形。花期 4 月，果熟期 8—10 月。

习性用途：根、枝药用，有清热、利肝胆、活血化瘀等功效。果实可提取柿漆。实生苗可做柿树的嫁接砧木。

种质资源：分布于安徽、浙江、江西、福建等省。江苏产于有山地的县市，生于石灰岩质山坡灌丛或林缘。淮安市园林绿化、道路景观与城市绿地中常见栽培。盱眙县铁山寺国家森林公园有零星分布。

山茶科 Theaceae

山茶 *Camellia japonica*

形态特征：灌木或小乔木。株高可达 10 m。树皮灰白色，平滑。小枝淡绿色或浅黄褐色，无毛。叶卵形至椭圆形，先端钝尖或锐尖，基部圆形至宽楔形，有细锯齿，两面无毛。花顶生，栽培种有白、玫瑰红、淡红等色，且多重瓣，顶端有凹缺。花期 2—5 月，果熟期 9—10 月。

习性用途：种子含油 45% 以上，可供食用及工业用。花为收敛止血药，根也可供药用。木材供细木工及制农具用。

种质资源：原产于我国东部和日本。长江流域各地有栽培。淮安市有引种栽培，常见于公园和庭院绿化。

茶梅 *Camellia sasanqua*

形态特征: 灌木或小乔木。株高可达 12 m。树皮灰褐色，光滑；嫩枝被短毛。叶片革质，椭圆形或长椭圆形，先端短尖，基部楔形，叶面深绿色，有光泽，边缘有细锯齿。花芳香，单生或 2 ~ 3 朵腋生或顶生；花大，红色，阔倒卵形。花期 10 月至翌年 3 月，果期翌年 7—8 月。

习性用途: 重要的观赏花木。种子可提取油脂。

种质资源: 原产于日本，传入我国已有千余年的历史。淮安市有引种栽培，常见于公园和道路绿化。

茶 *Camellia sinensis*

形态特征：灌木或小乔木。株高1～6 m。嫩枝和嫩叶有细柔毛。叶片薄革质，椭圆状披针形至椭圆形，叶背有柔毛。花白色，宽卵圆形，蒴果圆形或呈3瓣状。花期9—10月，果期翌年11月。

习性用途：由其叶片加工而成的各种茶为我国名产。喝茶可助消化、降血压、提神、强心、利尿、止泻，亦可杀菌消炎、增强抗病能力。根可入药，能清热解毒，民间用根加糯米酒煎服，治风湿性心脏病；花也可入药，有清肺平肝的功效。种子可榨油，提炼后可供食用。果壳还可提制栲胶，并可制活性炭。

种质资源：原产于我国南部，现广泛栽培。淮安市盱眙县低山丘陵地区有栽培，用作采茶园。

山矾科 Symplocaceae

白檀 *Symplocos paniculata*

形态特征： 落叶灌木或小乔木。株高可达 5 m。嫩枝、叶两面及花序疏生白色柔毛。叶片纸质，卵状椭圆形或倒卵状圆形。圆锥花序，生于新枝顶端或叶腋，花冠白色，芳香；核果成熟时蓝黑色，斜卵状球形。花期 5 月，果熟期 7 月。

习性用途： 木材细密，可做细木工及建筑用材。全株药用，有消炎、软坚、调气的功效；根皮与叶也可做土农药。种子油供制油漆及制皂。可做绿化观赏树，亦为蜜源植物。

种质资源： 分布于东北、华北以及长江以南各地和台湾。产于连云港市及苏南地区，生于山坡杂木林下或荒坡草丛中。淮安市有野生种质，在盱眙县铁山寺国家森林公园有零星分布。

安息香科 Styracaceae

垂珠花 *Styrax dasyanthus*

形态特征： 落叶灌木或小乔木。株高 3 ～ 20 m。树皮灰褐色，不裂；嫩枝被灰黄色星状微柔毛，后无毛，紫红色。叶片革质，倒卵形、倒卵状椭圆形。总状或圆锥花序顶生或腋生，花冠白色。果实卵形或球形，灰黄色。种子褐色，平滑或稍具皱纹。花期 3—5 月，果熟期 9—12 月。

习性用途： 可栽培供观赏。木材坚硬，可做建筑、船舶、车辆和家具等用材。种子油可供制皂或做机械润滑油。

种质资源： 分布于山东、江苏、浙江、福建、安徽、江西、湖北、湖南、广西、贵州、云南等省（区）。江苏多产于连云港市（云台山）以及苏南地区，生于阴湿山谷、山坡疏林中。淮安市有野生种质，在盱眙县铁山寺国家森林公园有零星分布。

猕猴桃科 Actinidiaceae

中华猕猴桃 *Actinidia chinensis*

形态特征： 落叶藤本。嫩枝密被灰白色茸毛或黄褐色硬毛或锈色硬刺毛，后脱落无毛；髓白色，片层状；芽鳞密被褐色茸毛。叶近圆形或宽倒卵形。花呈聚伞花序；花瓣5片，初时乳白色，后变橙黄色，宽倒卵形，有短爪；浆果近球形、卵形或长圆形，密被黄棕色有分枝的长柔毛，成熟时渐脱落，有褐色斑点。花期5—6月，果熟期8—10月。

习性用途： 果可生食、制果酱、制果脯和酿酒。花可提取芳香油；还可入药，有调理中气、生津润燥、解热除烦、通淋的功效。根亦可药用，有清热解毒、活血消肿、利尿通淋的功效；制土农药，可杀油茶毛虫、稻螟虫、蚜虫等。茎含黏性大的胶质，可做建筑、造纸原料。叶可做饲料。

种质资源： 分布于长江流域以南各省市。产于宜兴市，生于山坡林缘或灌丛中，有些园圃栽培。淮安市有野生种质，在盱眙县铁山寺国家森林公园有零星分布。

杜鹃花科 Ericaceae

锦绣杜鹃 *Rhododendron × pulchrum*

形态特征：半常绿灌木。株高 1 ～ 2 m。除花外，全株各部位被棕色或黄褐色糙伏毛。芽鳞外具胶质；枝开展。叶片厚纸质，椭圆状披针形或椭圆状长圆形。伞形花序状，花冠玫瑰紫色，阔漏斗状。蒴果长圆形卵球状。花期 4—5 月，果熟期 8—9 月。

习性用途：花鲜艳美丽，可栽培供观赏。

种质资源：江苏、浙江、江西、福建、湖北、湖南、广东、广西等省（区）多有栽培。淮安市园林绿化、道路景观与城市绿地中常见栽培。

杜鹃 *Rhododendron simsii*

形态特征：落叶灌木。株高可达 2 m。除花冠和花丝外，全株各部均有棕褐色扁平的糙伏毛。叶常聚生枝顶，叶片厚纸质，卵状椭圆形至倒披针形。花冠鲜红色或深红色，宽漏斗状。蒴果卵球状。花期 4—5 月，果期 6—8 月。

习性用途：全株供药用：根可和血、止血、祛风、止痛；叶可清热、解毒、止血；花和果可和血、调经、祛风湿。根、叶、茎皮均可提制栲胶。茎皮纤维可绞制绳索或造纸。还是酸性土指示植物。

种质资源：广布于长江流域各省，东至台湾，西南达四川、云南等地。江苏多产于连云港市（云台山）以及苏南地区，生于山坡、丘陵灌丛中。著名的花卉植物，观赏价值较高，公园、庭园均有栽培。淮安市园林绿化、道路景观与城市绿地中常见栽培。

杜仲科 Eucommiaceae

杜仲 *Eucommia ulmoides*

形态特征： 落叶乔木。株高可达 20 m。叶椭圆形至椭圆状卵形，先端渐尖，基部宽截形，两面网脉明显，边缘有整齐锯齿；叶折断后可见白色丝胶相连。果扁平具翅，长椭圆形。花期 3—4 月，果期 8—10 月。

习性用途： 喜光，深根性，萌芽力强。木材材质坚韧，纹理细腻，为良好的家具、舟车和建筑用材。

种质资源： 淮安市园林植物，公园绿化和道路景观树种，引种栽培利用较少。

丝缨花科 Garryaceae

花叶青木 *Aucuba japonica var. variegata*

形态特征: 常绿灌木。株高 1 ～ 1.5 m。枝和叶均对生。叶片革质，长椭圆形、卵状长椭圆形，稀阔披针形，先端渐尖，基部近于圆形或阔楔形，叶片边缘有稀疏锯齿，叶面深绿色，具大小不等的黄色斑点。花期 3—4 月，果期为翌年 4 月。

习性用途: 常栽培做绿化观赏树，为重要的观叶观果耐阴灌木，也宜盆栽或用于插花。叶有清热解毒、消肿止痛的功效；果有活血定痛、解毒消肿的功效；根有祛风除湿、活血化瘀的功效。

种质资源: 分布于浙江南部及台湾。淮安市有引种栽培，常见于公园绿化。

茜草科 Rubiaceae

香果树 *Emmenopterys henryi*

形态特征：落叶乔木。株高可达 30 m。叶片宽卵形、宽椭圆形或卵状椭圆形。圆锥状聚伞花序顶生，花冠漏斗状，白色或黄白色。蒴果长椭圆球状。种子周围有不规则的膜质网状翅。花期 6—8 月，果期 9—11 月。

习性用途：可栽培供观赏，也可做护堤植物。木材为家具和建筑用材；树皮纤维是制蜡纸及人造棉的原料。根和树皮入药，有温中和胃、降逆止呕的功效。

种质资源：分布于华东、华中以及陕西、甘肃、广西、四川、贵州、云南等地。产于溧阳市、宜兴市等地，生于山坡林中。为国家Ⅱ级重点保护野生植物。淮安市有收集保存种质，保存于金湖县盛发园艺公司苗圃，生长状态良好。

栀子 *Gardenia jasminoides*

形态特征：常绿灌木。株高 1 ～ 3 m。幼枝绿色。叶对生，有时 3 叶轮生；叶片革质，长椭圆形或倒卵状披针形，顶端渐尖至短尖，无毛。花大，白色，芳香，花冠白色或乳黄色。花期 5—8 月，果期 9 月至翌年 2 月。

习性用途：常见的庭院观赏植物。果、叶、根、花均有泻火除烦、清热利湿、凉血、解毒的功效。花可提制芳香浸膏。果可做染料。

种质资源：生于山坡林中或林缘。我国黄河以南地区有野生或栽培。亚洲东部和西南部也有分布，世界许多地区都有栽培。江苏各地普遍栽培。淮安市有引种栽培，常见于公园和道路绿化。

六月雪 *Serissa japonica*

形态特征: 落叶灌木。株高 60 ~ 90 cm。分枝密集，揉碎有臭气。叶片革质，卵形至倒披针形。花单生或数朵簇生，花冠白色或淡红色。花期 5—8 月，果期 7—11 月。

习性用途: 有时栽培做观赏。全株入药，有祛风活血、止痛解毒、消食导滞、除湿消肿的功效；果有活血、解毒的功效。

种质资源: 分布于长江流域及其以南地区。生于江苏各地山坡灌丛及林中。淮安市园林绿化、道路景观与城市绿地中常见栽培。

夹竹桃科 Apocynaceae

长春花 *Catharanthus roseus*

形态特征：多年生草本或半灌木。茎直立或外倾，近方形，有条纹。叶片膜质，倒卵形或椭圆形。聚伞花序腋生或顶生，花冠淡红色、粉红色。蓇葖果有纵纹和短毛。种子顶端无种毛，有粒状小凸起。花期6—9月。

习性用途：常栽培供观赏。全草药用，煎液可治疗疟疾、皮肤病、腹泻、高血压、糖尿病等。

种质资源：原产于马达加斯加，现热带国家有栽培或归化。分布于浙江、福建、江西、湖南、贵州、四川、云南等省。江苏城镇园圃有栽培。淮安市园林绿化、道路景观与城市绿地中常见栽培。

白花夹竹桃 *Nerium oleander* ‘Paihua’

形态特征：常绿直立灌木。株高可达 5 m。叶 3 或 4 片轮生，在枝条下部常为对生；叶片线状披针形至长披针形，顶端急尖，基部楔形，侧脉密生而平行，直达叶缘，边缘稍反卷。聚伞花序顶生，花冠白色。花果期 4—12 月。

习性用途：常作为绿化或观赏植物，栽培于道路、公园、广场等场所。叶及茎皮剧毒，慎用，入药煎汤或研末，能强心利尿、定喘镇痛。种子含油量约达 58%。对二氧化碳、氯气等气体有较强抗性。

种质资源：江苏各地常栽培。淮安市城市公园绿地中有栽培，群栽于河道、道路两边。

重瓣夹竹桃 *Nerium oleander* ‘Plenum’

形态特征：常绿直立灌木。株高可达 5 m。叶 3 或 4 片轮生，在枝条下部常为对生；叶片线状披针形至长披针形，顶端急尖，基部楔形，侧脉密生而平行，直达叶缘，边缘稍反卷。聚伞花序顶生，花冠有 10 余枚，裂片为 3 轮，内轮为漏斗状，外面 2 轮为辐状，分裂至基部或每 2 至 3 片基部连合，每裂片基部具长圆形而顶端撕裂的鳞片。花果期 4—12 月。

习性用途：常作为绿化或观赏植物，栽培于道路、公园、广场等场所。叶及茎皮剧毒，慎用，入药煎汤或研末，能强心利尿、定喘镇痛。种子含油量约达 58%。对二氧化碳、氯气等气体有较强抗性。

种质资源：江苏各地庭园常栽培。淮安市城市公园绿地中有栽培，群栽于河道、道路两边。

络石 *Trachelospermum jasminoides*

形态特征： 常绿木质藤本。茎长可达 10 m，赤褐色，具乳汁。叶片革质或近革质，椭圆形至卵状椭圆形或宽倒卵形，基部渐狭至钝，顶端锐尖至渐尖或钝，有时微凹或有小凸尖，叶面无毛，叶背有柔毛。二歧聚伞花序腋生或顶生，圆锥状；花冠白色。花期 4—7 月，果期 7—10 月。

习性用途： 栽培用于地被和立体绿化。全株有毒，根、茎、叶、果均可入药，有祛风活络、利关节、止血、止痛、消肿、清热解毒的功效。茎皮纤维可制绳索、造纸及人造棉。

种质资源： 分布几遍全国各地。日本、朝鲜、越南也有分布。产于江苏各地，生于山野林中，常攀缘于树干、墙壁或岩石上。淮安市城市公园绿地中有栽培，爬藤于木本植物或墙体，主栽品种为“风车茉莉”，少有栽培彩叶品种。

蔓长春花 *Vinca major*

形态特征： 蔓性半灌木。茎蔓卧，着花的茎直立，除叶柄、叶缘、花萼及花冠喉部有毛外，其余无毛。叶对生，叶片卵形。花单生于叶腋；花冠蓝色或紫蓝色，花冠筒漏斗状。蓇葖果双生，直立。种子顶端无毛。花期 3—5 月。

习性用途： 常栽培供观赏，做地被植物。也供药用，外用治疥疮。

种质资源： 原产于欧洲。浙江、安徽、云南等地有栽培。江苏公园或庭园有引种栽培。淮安市园林绿化、道路景观与城市绿地中常见栽培。

金边蔓长春花 *Vinca major* ‘Aureomarginata’

形态特征： 蔓性半灌木。茎蔓卧，着花的茎直立，除叶柄、叶缘、花萼及花冠喉部有毛外，其余无毛。叶对生；叶片卵形，具有黄色边缘，顶端急尖，基部宽或稍呈心形，叶缘具纤毛。花单生于叶腋。花冠蓝色或紫蓝色，筒漏斗状，筒部较短，裂片倒卵形，顶端钝圆，花期 5—7 月。

习性用途： 常栽培供观赏，做地被植物。也供药用，外用治疥疮。

种质资源： 原产于欧洲。浙江、安徽、云南等地有栽培。江苏公园或庭园有引种栽培。淮安市部分公园绿地中有栽培，多用作地被植物。

紫草科 Boraginaceae

厚壳树 *Ehretia acuminata*

形态特征：落叶乔木。株高 3 ~ 15 m。树皮灰黑色，有不规则的纵裂，小枝有皮孔。叶互生，叶片倒卵形至长椭圆状倒卵形或椭圆形。圆锥花序顶生或腋生，有香气，花冠白色。果实球状，初为红色，后变暗灰色。花期 4—5 月，果熟期 7 月。

习性用途：叶、心材、树枝药用，功能各异。木材为建筑及家具用材。树皮做染料。嫩芽可食用。种子可榨油。也做行道树及蜜源。

种质资源：分布于东部、中部及西南各省（区、市）。生于丘陵或山地林中。淮安市有野生分布，也常见于园林绿化、道路景观与城市绿地栽培。

茄科 Solanaceae

枸杞 *Lycium chinense*

形态特征：落叶小灌木。株高 0.5 ～ 3 m。茎多分枝，枝细长，淡灰色，有纵条纹和棘刺，小枝顶端锐尖呈棘刺状。叶互生，叶片纸质（栽培的稍厚），卵形或卵状披针形，顶端急尖，基部楔形，全缘。浆果卵形、长椭圆状卵形或长椭圆状，成熟时红色。花期 8—10 月，果熟期 10—11 月。

习性用途：著名的药用植物。果（枸杞子）为滋补强壮剂，具补气、滋肾、润肺作用；叶有除烦益志、解热毒、消疮肿的功效；根皮（地骨皮）可清热、凉血、退虚热。嫩叶做蔬菜食用。

种质资源：广布于除西藏以外的全国其他省（区、市）。淮安市有野生种质分布，且有古树种质 2 份，保存于淮安区淮城街道楚州宾馆内，最大树高 3 m，冠幅 3 m，开花结果状态正常。

木樨科 Oleaceae

流苏树 *Chionanthus retusus*

形态特征：落叶灌木或乔木。株高可达 20 m。小枝灰褐色或黑灰色，被短柔毛。叶片革质或薄革质，长圆形、椭圆形或圆形，长 3 ~ 12 cm，先端圆钝，基部圆或宽楔形至楔形，全缘或有小锯齿，叶缘稍反卷。聚伞状圆锥花序，花冠白色。花期 3—5 月，果期 6—11 月。

习性用途：栽培供观赏。叶可清热、止泻。木材可制家具和铁器柄。种子油供食用或为工业用油。芽和幼叶可代茶，故有“茶叶树”之称。

种质资源：分布于甘肃、陕西、山西、河北、河南、云南、四川、广东、福建、台湾等地。朝鲜、日本也有分布。江苏各地有栽培。淮安市部分城市公园绿地中有栽培。

探春花 *Chrysojasminum floridum*

形态特征：半常绿直立或蔓生灌木。株高 0.4 ～ 3 m。小枝几无毛。叶互生；复叶，小叶 3 或 5 枚，稀 7 枚，小枝基部常有单叶；小叶片卵形、卵状椭圆形至椭圆形。聚伞花序或伞状聚伞花序顶生，花冠黄色，近漏斗状。果长圆球状或球状，成熟时呈黑色。花期 5—9 月，果期 9—10 月。

习性用途：常见的园林观赏植物。根入药，能生肌收敛，治刀伤。

种质资源：分布于河北、陕西、山东、河南、湖北、四川、贵州等省。江苏各地有栽培。淮安市园林绿化、道路景观与城市绿地中常见栽培。

雪柳 *Fontanesia phillyraeoides* var. *fortunei*

形态特征：落叶灌木或小乔木。株高可达 8 m。枝灰白色，小枝四棱状，无毛。叶片纸质，披针形或卵状披针形。圆锥花序顶生或腋生，花两性或杂性同株；花冠深裂至近基部，裂片卵状披针形。果棕黄色，扁平，倒卵形至倒卵状椭圆形。花期 4—6 月，果期 6—10 月。

习性用途：生于水沟、溪边或林中。可栽植作为篱垣或园景树。根药用，可治脚气病。枝条可编筐，茎皮可制人造棉。嫩叶可代茶。

种质资源：分布于河北、陕西、山东、安徽、浙江、河南、湖北等省。淮安市园林绿化、道路景观与城市绿地中常见栽培。

连翘 *Forsythia suspensa*

形态特征： 落叶灌木。枝开展或下垂，棕色、棕褐色或淡黄褐色；小枝土黄色或灰褐色，节间中空，节部具实心髓。叶通常为单叶，或3裂至三出复叶；叶片卵形、宽卵形或椭圆状卵形至椭圆形，先端锐尖，基部圆形、宽楔形至楔形，叶缘除基部外具锐锯齿或粗锯齿；花先于叶开放，花冠黄色。花期3—4月，果熟期7—9月。

习性用途： 常栽培供观赏。果实入药，有清热、解毒、消炎的功效；叶可治疗高血压、痢疾、咽喉痛等；精油具抑制流感病毒活性功效。嫩叶可代茶。种子油供制油漆、软皂及化妆品。枝条可编筐。

种质资源： 分布于河北、山西、陕西、山东、安徽、河南、湖北、四川等省。日本也有栽培。淮安市城市公园、道路绿化常见栽培。

金钟花 *Forsythia viridissima*

形态特征：落叶灌木。株高可达 3 m。小枝绿色或黄绿色，呈四棱状，皮孔明显，具片状髓。叶片长椭圆形至披针形，先端锐尖，基部楔形，通常上半部具不规则锐锯齿或粗锯齿。花先于叶开放，花冠深黄色。花期 3—4 月，果熟期 8—11 月。

习性用途：园林观赏灌木。根、叶、果壳入药，有清热解毒、祛湿泻火的功效。种子油供制皂和化妆品等。

种质资源：分布于安徽、浙江、江西、福建、湖北、湖南、云南等省；除华南地区外，全国各地均有栽培，尤以长江流域一带较为普遍。淮安市城市公园、道路绿化常有栽培。

白蜡树（白蜡） *Fraxinus chinensis*

形态特征：落叶乔木。株高可达 12 m。芽被褐色茸毛。复叶基部常呈黑色。小叶 5 ～ 7 枚，硬纸质，卵形、倒卵状长圆形至披针形，先端锐尖至渐尖，基部钝圆，叶缘具整齐锯齿，下面沿中脉两侧被白色长柔毛，侧脉 8 ～ 10 对。花雌雄异株，无花冠。翅果匙形，下部渐窄。花期 4—5 月，果期 7—9 月。

习性用途：喜光，对霜冻较敏感。喜深厚肥沃湿润土壤。萌发力强，耐干旱瘠薄，生长迅速。可放养白蜡虫生产白蜡。木材坚韧。

种质资源：淮安市常见乡土植物，公园绿化和道路景观常用树种。多为栽培利用种质。

迎春花 *Jasminum nudiflorum*

形态特征：落叶灌木。株高0.3～5 m。茎直立或匍匐；枝条下垂，枝梢扭曲，四棱状，光滑，无毛。叶对生，三出复叶，小枝基部常具单叶；小叶片卵形、长卵形或椭圆形、狭椭圆形。花单生于上年生小枝的叶腋，花冠黄色，花期3—4月。

习性用途：为常见的早春观赏植物。叶有解毒消肿、止血、止痛的功效，花可清热利尿、解毒。

种质资源：分布于甘肃、陕西、四川、云南、西藏等地。江苏各地有栽培。我国及世界各地普遍栽培。淮安市园林绿化、道路景观与城市绿地中常见栽培。

茉莉花 *Jasminum sambac*

形态特征： 直立或攀缘灌木。株高可达 3 m。小枝疏被柔毛。单叶，对生；叶片纸质，圆形、椭圆形、卵状椭圆形或倒卵形。花极芳香；聚伞花序顶生，白色。果球状，呈紫黑色。花果期 5—9 月。

习性用途： 花极香，花浸膏和精油可用于化妆品和茶叶香精，花也可直接熏制茶叶。花、叶可治目赤肿痛，亦有止咳化痰之效；花有清热解表的功效；根有镇痛、麻醉的功效。

种质资源： 原产于印度。中国南方地区和世界各地广泛栽培。江苏各地有栽培。淮安市园林绿化、道路景观与城市绿地中常见栽培。

日本女贞 *Ligustrum japonicum*

形态特征：常绿灌木。株高 3 ～ 5 m。全体无毛。小枝灰褐色或淡灰色。叶片厚革质，椭圆形或宽卵状椭圆形，稀卵形，先端锐尖或渐尖，基部楔形、宽楔形至圆形，呈红褐色，侧脉两面凸起。圆锥花序塔形。果长圆球状或椭圆球状，呈紫黑色，外被白粉。花期 6 月，果熟期 11 月。

习性用途：园林绿化树种。叶可清热解毒。叶、果实和树皮有毒。

种质资源：原产于日本，朝鲜南部也有分布。我国各地有栽培。淮安市城市公园、道路绿化常有栽培。

金森女贞 *Ligustrum japonicum* ‘Howardii’

形态特征： 常绿灌木。株高 3 ～ 5 m。全体无毛。小枝灰褐色或淡灰色。叶片厚革质，椭圆形或宽卵状椭圆形，稀卵形，幼叶鲜黄色，后变金黄色。圆锥花序塔形，果长圆球状或椭圆球状，呈紫黑色。花期 6 月，果熟期 11 月。

习性用途： 园林绿化树种。叶可清热解毒。叶、果实和树皮有毒。

种质资源： 我国各地有栽培。淮安市园林绿化、道路景观与城市绿地中常见栽培。

女贞 *Ligustrum lucidum*

形态特征：灌木或乔木。株高可达 25 m。树皮灰褐色；枝圆柱形，无毛。叶片常绿，革质，卵形、长卵形或椭圆形至宽椭圆形，两面无毛。圆锥花序顶生。果肾状或近肾状，深蓝黑色，成熟时呈红黑色，被白粉。花期 5—7 月，果期 7 月至翌年 5 月。

习性用途：常栽培做行道树。果入药称“女贞子”，为强壮剂；叶具解热镇痛的功效；树皮研末外用，可治烫火伤或痈肿；根或茎基部泡酒，可治风湿。花可提取芳香油；果含淀粉，可酿酒或制酱油；种子油可制肥皂和润滑油。木材做细工用材。

种质资源：向南分布于长江以南至华南、西南各省（区），向西北分布至陕西省、甘肃省。朝鲜也有分布，印尼、尼泊尔有栽培。江苏各地有栽培。淮安市城市公园、道路绿化常见栽培。

小叶女贞　*Ligustrum quihoui*

形态特征： 半常绿灌木。株高可达 3 m。小枝圆，密被微柔毛，后脱落。叶薄革质，倒卵状长圆形或倒卵状披针形，两面无毛，下面常具腺点。圆锥花序顶生，紧缩，近圆柱形。果倒卵圆形、椭圆形或近球形，成熟时黑紫色。花期 5—7 月，果期 8—11 月。

习性用途： 可栽培供观赏。叶入药，具清热解毒等功效，可治烫伤、外伤；树皮入药可治烫伤。

种质资源： 分布于华中、西南以及华东地区。江苏各地有野生或栽培种质，生于沟边、路旁、河边灌丛或者山坡。淮安市有野生种质，盱眙县低山丘陵山区有分布，其他部分区县有零星分布。

小蜡 *Ligustrum sinense*

形态特征：落叶灌木或小乔木。株高 2 ～ 4 m。小枝圆柱形，幼时被淡黄色短柔毛或柔毛，老时近无毛。叶片纸质或薄革质，卵形、椭圆状卵形、长圆形、长圆状椭圆形至披针形或近圆形。圆锥花序，顶生或腋生，塔形。果近球状，具明显果柄。花期 3—6 月，果熟期 9—12 月。

习性用途：喜光，稍耐阴，不耐严寒，喜温暖湿润气候和深厚肥沃土壤。树皮和叶入药，有清热解毒、抑菌杀菌、消肿止痛、去腐生肌的功效。果实可酿酒。种子榨油供制皂。幼叶可代茶。枝条可提取蜡质。花精油可作为调配皂用香精的原料。

种质资源：分布于华东、华中以及广东、广西、贵州、四川、云南等地。各地普遍栽培做绿篱。淮安市园林绿化、道路景观与城市绿地中常见栽培。

银姬小蜡 *Ligustrum sinense* ‘Variegatum’

形态特征：落叶灌木或小乔木。株高 2 ～ 7 m。小枝圆柱形。叶片纸质或薄革质，卵形、椭圆状卵形、长圆形、长圆状椭圆形至披针形，或近圆形，叶缘白色或黄白色；先端锐尖、短渐尖至渐尖，基部宽楔形至近圆形，被短柔毛。圆锥花序顶生或腋生，塔形。花期 3—6 月，果熟期 9—12 月。

习性用途：普遍栽培做绿篱。树皮和叶入药，有清热解毒、抑菌杀菌、消肿止痛、去腐生肌的功效。果实可酿酒。种子榨油供制皂。幼叶可代茶。枝条可提取蜡质。花精油可作为调配皂用香精的原料。

种质资源：分布于华东、华中以及广东、广西、贵州、四川、云南等地。越南有分布，马来西亚有栽培。江苏各地有栽培，但较少。淮安市城市公园、道路绿化常见栽培。

木樨（桂花） *Osmanthus fragrans*

形态特征：常绿乔木。株高可达 18 m。树皮灰褐色。小枝黄褐色，无毛。叶片革质，椭圆形、长椭圆形或椭圆状披针形，先端渐尖，基部渐狭，呈楔形或宽楔形，叶全缘或上半部具细锯齿。花冠合瓣四裂，形小。花期 9—10 月上旬，果期为翌年 3 月。

习性用途：喜光，亦能耐阴，抗逆性强，既耐高温，也较耐寒。忌积水。对土壤的要求不太严。对二氧化硫等有害气体有一定的抗性，还有较强的吸滞粉尘的能力。其园艺品种繁多，包括金桂、银桂等。

种质资源：淮安市常见园林植物，公园绿化和道路景观常用树种。

丹桂 *Osmanthus fragrans* var. *aurantiacus*

形态特征：植株较高大，多为中小乔木，常有明显的主干。株高可达 5 m。花序腋生，为簇生聚伞花序，无总梗。花色较深，呈浅橙黄色至橙红色。花期 8—11 月。

习性用途：是中国十大观赏名花之一，集绿化、美化、香化于一体的园林树种。花为名贵香料，并可做食品香料；花的浸膏可配制高级香精；花可浸制桂花酒或用于熏茶，也可直接腌制供食用。种子可榨食用油。花、果实及根入药，花可散寒破结、化痰止咳，果可暖胃、平肝、散寒，根可祛风湿、散寒。

种质资源：原产于中国西南部及南方山区，现各地广泛栽培。淮安市园林绿化、道路景观与城市绿地中常见栽培。

紫丁香　*Syringa oblata*

形态特征: 灌木或小乔木。株高可达5 m。小枝、花序轴、花柄、苞片、花萼、幼叶两面以及叶柄均密被腺毛。树皮灰褐色或灰色。叶片革质或厚纸质，卵圆形至肾形。圆锥花序直立，花冠紫色。果椭圆形倒卵球状、卵球状至长椭圆球状。花期4—5月，果期6—10月。

习性用途: 树皮入药，有清热燥湿、止咳定喘的功效；叶可清热、解毒、止咳、止痢。花可提制芳香油。嫩叶可代茶。茎叶冷浸液可杀菜蚜。叶吸收二氧化硫的能力较强。

种质资源: 分布于东北、华北、西北（除新疆）以及四川等地，长江以北地区普遍栽培。淮安市园林绿化、道路景观与城市绿地中常见栽培。

紫葳科　Bignoniaceae

凌霄　*Campsis grandiflora*

形态特征：落叶攀缘藤本。茎木质，表皮片状脱落，枯褐色；具气生根，常攀附于其他物上。奇数羽状复叶，对生；小叶 7～9 枚，卵形至卵状披针形，顶端长尖，基部宽楔形至近圆形。由三出聚伞花序集成稀疏、顶生的圆锥花丛。花冠内面鲜红色，外面橙黄色。花期 6—8 月，果熟期 11 月。

习性用途：可栽植供观赏，为优良的棚架植物。花阴干后可通经利尿；根可治风湿痛、跌打损伤；茎、叶可用于治血热生风、皮肤瘙痒。

种质资源：分布于长江流域以及河北、陕西、山东、河南、福建、广东等地。淮安市城市公园、道路绿化常见栽培。淮安市有古树种质 1 份，保存于清江浦区长东街道越河社区古清真寺，树龄约 320 年，树高 6.2 m，冠幅 4 m，开花结果状态正常。

楸（楸树） *Catalpa bungei*

形态特征：乔木。株高可达 20 m。树干通直，树冠开展。树皮灰色，片状脱落。叶对生，三角状卵形或卵状椭圆形，基部宽楔形或心形，全缘，无毛，基出掌状脉，背面脉腋间有圆形腺体，干后紫色。顶生伞房总状花序，花冠淡红色。花期 4 月，果熟期 7—8 月。

习性用途：可吸附粉尘，常做庭院和行道树。木材坚硬，淡红色，花纹美丽，用于建筑和制家具。根皮或树皮的韧皮部（“楸白皮”）药用，有清热解毒、散瘀消肿的功效；叶外用治疮疡脓肿；果实有清热利尿的功效。

种质资源：生于肥沃湿润的山地、田野、路边。原产于黄河流域各省（区），长江流域也有分布；野生种群较少，现广为栽培。淮安市城市公园、道路绿化常见栽培。全市有古树种质 6 份，集中分布在盱眙县林总场、铁山寺林场和第一山林场。最大树龄 135 年，最大树高 20 m，平均冠幅 9 m，开花结果状态正常。

梓（梓树） *Catalpa ovata*

形态特征：乔木。株高可达 10 m；树冠开展。树皮灰褐色，纵裂。叶对生、近对生或有时轮生；叶片广卵形或近圆形，顶端渐尖，基部心形，全缘或 3 ～ 5 浅裂，有毛或近无毛，基出掌状脉 5 ～ 7 条。顶生圆锥花序，花冠钟状，花淡黄色。花期 5 月，果期 7—8 月。

习性用途：速生树种，可做绿化和行道树种。木材质好、易加工，可做家具及制琴底。根皮或树皮的韧皮部（“梓白皮”）药用，能清热、解毒、杀虫；梓实有利尿功效；木材可治手足痛风。叶或树皮也可做农药。嫩叶可食。

种质资源：分布于东北、华北及长江流域等地。日本也有分布。淮安市城市公园、道路绿化常有栽培。

唇形科 Lamiaceae

海州常山 *Clerodendrum trichotomum*

形态特征： 灌木或小乔木。株高 1.5 ～ 3 m。嫩枝和叶柄不同程度被黄褐色短柔毛，枝内髓部有淡黄色薄片横隔。叶片阔卵形、卵形、三角状卵形或卵状椭圆形。伞房状聚伞花序顶生或腋生，花冠白色或带粉红色。核果近球形，成熟时蓝紫色。花果期 6—11 月。

习性用途： 常栽培供观赏。根、茎、叶、花均可入药，有祛风湿、清热、止痛、平肝降压的功效。果可提制黑色染料。

种质资源： 分布于华北、华东、中南及西南等地。产于南京、镇江、南通、无锡、苏州等市，生于山坡路旁或村边。淮安市既有野生种质，也在园林绿化、道路景观与城市绿地中常见栽培。

黄荆 *Vitex negundo*

形态特征： 落叶灌木或小乔木。株高可达 4 m。小枝截面四方状，密生灰白色绒毛。叶对生，有柄，通常为掌状 5 出复叶，有时为 3 出复叶；小叶片椭圆状卵形或披针形。圆锥状聚伞花序顶生，花冠淡紫色。果实球状，黑色。花期 4—5 月，果期 6—10 月。

习性用途： 根、茎有祛风解表、镇咳、清热止痛、消肿、解毒的功效；叶用于治疗肠炎痢疾、中暑、跌打肿痛及疮痈疥癣；果实用于治疗气管炎、急慢性胆囊炎、胆结石及风痹。枝条可编筐篓；嫩枝叶可做绿肥；花和枝叶可提取芳香油。花期为著名的蜜源植物。

种质资源： 分布于华东以及河南、湖南、广东、贵州、四川等地。产于江苏有山地的县市，生于山坡路旁、林边。淮安市园林绿化、道路景观与城市绿地中常见栽培。

牡荆 *Vitex negundo var. cannabifolia*

形态特征：灌木。株高 2 ～ 3 m。老枝近圆形，嫩枝四方状，密生灰白色茸毛。叶对生；掌状复叶，小叶 5 或 7 枚；所有的小叶片都是披针形至狭披针形，背面灰白色，有毛和腺点。花序顶生或腋生，花冠蓝紫色。花期 7—8 月，果期 8—11 月。

习性用途：可栽培供观赏。枝叶和花含芳香油。花期又是蜜源。

种质资源：分布于我国华北、华东、华南、西南大部分地区。产于江苏山区，生于山坡路旁。淮安市有野生种质，在盱眙县铁山寺国家森林公园以及低山地区均有分布。

泡桐科 Paulowniaceae

毛泡桐 *Paulownia tomentosa*

形态特征：落叶乔木。株高可达 20 m。树皮灰褐色，幼时光滑，老时浅裂。无顶芽。叶大，对生，有时 3 叶轮生，全缘，波状或 3 ～ 5 浅裂，幼苗叶常有锯齿。花大，由多数小聚伞花序组成大型圆锥花序，花冠白色至紫色，筒部漏斗形至近钟形，裂片唇形，筒内常有紫斑。蒴果卵圆形至椭圆形。种子多数具膜质翅。

习性用途：喜光，忌积水，不耐瘠薄。木材纹理直，结构粗，质轻软，隔音、隔热性好，耐腐、耐火性强，易加工，用于建筑、家具、茶叶箱、蜂桶、航空模型、包装箱、乐器等，20 世纪 90 年代，做木板出口日本等地。

种质资源：淮安市常见乡土绿色植物。有栽培利用种质。

冬青科 Aquifoliaceae

大别山冬青 *Ilex dabieshanensis*

形态特征：常绿乔木。株高可达 5 m。全体无毛，树皮灰白色。小枝粗壮，幼枝具纵棱。叶片厚革质，卵状长圆形、卵形或椭圆形，顶端具刺尖，边缘稍反卷。总状花序簇生叶腋。雄花淡黄绿色。浆果状核果，鲜红色。花期 4—5 月，果期 6—10 月。

习性用途：可栽植供观赏，做风景树或绿篱。具有生长速度快、耐修剪、适应性广、耐寒、抗污染、耐干旱瘠薄、病虫害少等独特的生态学特性和利用价值。四季叶色青翠，花色清新淡雅，有淡芳香气味，果实红艳，是兼具观叶、观花、观果的优良园林绿化珍贵树种。是制作苦丁茶保健饮料的原料，还具消炎、降脂等药用保健功效。

种质资源：原产于中国，分布于安徽大别山及江西等地。在盱眙县林总场有引种栽培，收集保存于省级林草种质资源库。

冬青 *Ilex chinensis*

形态特征：常绿乔木。株高可达 13 m。树皮平滑，灰色或淡灰色；小枝淡绿色，有纵沟，无毛。叶薄革质，狭长椭圆形或披针形，干后呈红褐色，有光泽；叶柄有时为暗紫色。聚伞花序着生于新枝叶腋内或叶腋外；花瓣卵形，紫红色或淡紫色，反折。果实椭圆球状或近球状，成熟时深红色。花期 5—6 月，果熟期 9—10 月。

习性用途：冬季叶绿果红甚为优美，是庭院绿化的优良树种。种子及树皮药用，为强壮剂；叶可清热解毒、生肌敛疮、活血化瘀、凉血止血；果实、树皮和根皮也可药用，功效多样。树皮可提制栲胶。木材坚硬，为细木工用材。

种质资源：分布于长江流域以南至华南各地。产于宁镇山区、宜溧山区以及苏州市，生于山坡杂木林中。淮安市园林绿化、道路景观与城市绿地中常见栽培。

枸骨 *Ilex cornuta*

形态特征：常绿灌木或小乔木。株高可达 3 m。树皮灰白色，平滑。叶片厚革质，长圆状四边形，顶端有 3 枚尖硬刺齿，中央的刺齿反曲，基部两侧各有 1 或 2 刺齿，有时全缘，叶面深绿色，光亮，叶背淡绿色，无光泽。花期 4—5 月，果熟期 9—10 月。

习性用途：树姿优美，叶形奇特，四季常青，入秋红果满树，是秋冬季观果树种和绿化树种，也可做绿篱。叶、树皮、果实和根均有清虚热、益肝肾等功效。种子含油，可制皂；树皮可做染料。

种质资源：分布于长江中下游地区，生于山坡谷地灌木丛中。现各地庭园常有栽培。淮安市有引种栽培，常见于公园绿化。

无刺枸骨 *Ilex cornuta* ‘Fortunei’

形态特征：枸骨的自然变种，常绿灌木或小乔木。株高可达 3 m。树种枝繁叶茂，叶形奇特，浓绿有光泽。树冠圆整。核果球形，初为绿色，入秋成熟转红，满枝累累硕果。花期 4—5 月，果期 9—10 月。

习性用途：喜光，喜温暖，在湿润和排水良好的酸性和微碱性土壤中生长良好，有较强抗性，耐修剪。在 -8 ～ 10℃气温下生长良好。经修枝整形可制作成大树形、球形及树状盆景，是良好的观果观叶观形的观赏树种。

种质资源：淮安市园林绿化、道路景观与城市绿地中常见栽培。

大叶冬青 *Ilex latifolia*

形态特征：常绿乔木。株高可达 20 m。全体无毛。树皮灰黑色，粗糙；分枝粗壮，幼枝有棱。叶片厚革质，长椭圆形、卵状长圆形。聚伞花序组成假圆锥花序。果实圆球状，红色或褐色。花期 4—5 月，果熟期 10 月。

习性用途：园林绿化树种。叶可疏风清热、明目生津，也为苦丁茶的原料之一。木材为细木工用材。树皮可提制栲胶。

种质资源：分布于长江下游各省及福建省、河南省（大别山）、湖北省、广西壮族自治区及云南省东南部。日本亦有分布。淮安市公园园林绿化有应用。

荚蒾科 Viburnaceae

接骨木 *Sambucus williamsii*

形态特征：落叶灌木或小乔木。株高 3 ~ 5 m。老枝具明显的长椭圆形皮孔，髓部黄棕色。羽状复叶，搓揉后有臭气；小叶 2 ~ 5 对，侧生小叶片卵圆形、狭椭圆形至倒矩圆状披针形，顶端尖、渐尖至尾尖，边缘具不整齐锯齿，基部楔形或圆形，有时心形，两侧不对称。花与叶同出；顶生圆锥花序。花期 4—5 月，果期 9—10 月。

习性用途：枝叶入药，有接骨续筋、活血止痛、祛风利湿的功效。种子油供制肥皂。嫩叶可食。可栽植供观赏，观花观果均宜。

种质资源：生于山坡、灌丛、沟边、路旁、宅边等处。分布于东北、华东、华中以及南部各地。淮安市有引种栽培，见于公园和四旁绿化。

日本珊瑚树 *Viburnum awabuki*

形态特征： 常绿灌木或小乔木。株高 2 ～ 8 m。枝灰色或灰褐色，无毛或有时稍被褐色星状毛。叶片革质，常为倒卵状矩圆形至矩圆形，顶端钝或急狭而钝头，基部宽楔形，边缘常有较规则的波状浅钝锯齿，叶面深绿色有光泽。花期 4—5 月，果熟期 9—11 月。

习性用途： 园林绿化树种，对煤烟和有毒气体具有较强的抗性和吸收能力，常做绿篱或园景丛植。耐火力强，可做防火隔离树带。

种质资源： 安徽、浙江、江西、湖北、台湾等地有栽培。淮安市有引种栽培，常见于公园和道路绿化。当地多称“法国冬青”。

荚蒾 *Viburnum dilatatum*

形态特征：落叶灌木。株高可达 3 m。叶片纸质，宽倒卵形、倒卵形或宽卵形。复伞形式聚伞花序稠密，花冠白色，辐状。果实红色，椭圆形卵球状；果核扁，卵形。花期 5—6 月，果熟期 9—11 月。

习性用途：喜光，较耐阴；喜湿润温暖气候，较耐寒；对土壤要求不严。果实成熟时红色、鲜艳，常栽植供观赏。根入药，有祛瘀消肿的功效。种子含油，可制肥皂和润滑油。果可食，亦可酿酒。

种质资源：分布于华东、华中以及河北、陕西、广东、广西、四川、贵州、云南等地。产于江苏省内长江以南地区，生于山坡或山谷疏林下、林缘及山脚灌丛中。盱眙县铁山寺国家森林公园有少量野生种质，多数公园有绿化栽培。

琼花 *Viburnum keteleeri*

形态特征：落叶小乔木，株高可达4 m。花序仅周围具大型的白色不孕花，花序中央为可孕花。花冠白色，辐状，直径7～10 mm，裂片宽卵形，长约2.5 mm，筒部长约1.5 mm；雄蕊稍高出花冠，花药近圆形。花期4月，果熟期9—10月。

习性用途：花序边缘洁白，不孕花，如群蝶起舞，是优良的观赏植物。枝、叶、果具有通经络、解毒止痒的功效；茎有祛湿止痒、清热消炎、解毒的功效。

种质资源：分布于安徽、浙江、江西、湖北、湖南等省。江苏各地有野生或栽培，现为扬州市市花。淮安市近年有引种栽培，常见于公园和道路绿化。

绣球荚蒾 *Viburnum keteleeri* ‘Sterile’

形态特征： 落叶或半常绿灌木。株高可达 4 m。幼枝有垢屑状星状毛，老枝灰褐色。叶片纸质，卵形至椭圆形或卵状矩圆形，顶端钝或稍尖，基部圆或有时微心形，边缘有小齿。大型聚伞花序呈球形，直径 8 ～ 15 cm，几全由不孕花组成；花冠白色。花期 4—5 月。

习性用途： 园艺种，树姿开展圆整，春季花似雪球，为传统观赏树种。茎入药，用于治风湿疥癣、湿烂痒痛；果实能强心、利尿。

种质资源： 全国各地均有栽培。淮安市有引种栽培，常见于公园和道路绿化。

蝴蝶戏珠花（蝴蝶荚蒾） *Viburnum plicatum* f. *tomentosum*

形态特征：落叶小乔木，株高可达 5 m。叶片阔卵形至椭圆状卵形，少有倒卵形。花序周围有 4～6 朵大型的黄白色不孕花，花冠直径可达 4 cm，不整齐 4 或 5 裂，中央的可孕花直径约 3 mm，白色至乳白色，辐状，稍具香气。花期 4—5 月，果熟期 8—9 月。

习性用途：常栽培供观赏。根、茎入药，有健脾消积的功效。

种质资源：分布于陕西、河南以及长江流域及其以南（包括台湾）等地。淮安市近年有引种栽培，常见于公园和道路绿化。

忍冬科 Caprifoliaceae

大花糯米条（大花六道木） *Abelia × grandiflora*

形态特征：半常绿灌木。株高 1 ～ 1.5 m。小枝被短柔毛。叶对生，叶片卵形。花单朵生于叶腋，组成圆锥花序；花冠微有香气，白色，有时淡粉红色，漏斗状至稍二唇形。果实细长，疏被柔毛或光滑。花期 9—10 月，果期 11—12 月。

习性用途：喜光，喜温暖气候，较耐寒。对土壤要求不严，不耐水湿。萌蘖和萌芽能力强，耐修剪。可栽植做花篱、地被等。

种质资源：我国部分城市有栽培。欧洲、非洲和美洲国家广泛栽培。淮安市一些公园中有栽培。

郁香忍冬 *Lonicera fragrantissima*

形态特征：半常绿或落叶直立灌木。株高可达 2 m。叶片厚纸质或带革质，从倒卵状椭圆形、椭圆形、圆卵形、卵形至卵状矩圆形。花先于叶或与叶同时开放，芳香，花冠白色或淡红色。浆果鲜红色，矩圆形。花期 3—4 月，果期 5—6 月。

习性用途：花、果均美观，常栽培于庭院、草坪边缘、园路旁供观赏。果熟时可食用。根、嫩枝、叶（破骨风）药用，可祛风除湿、清热止痛。

种质资源：分布于华东、华中以及河北、山西、陕西、甘肃、四川、贵州等地。产于江苏南部各地，生于山坡、路旁，兼有栽培。淮安市少有野生分布，在盱眙县铁山寺国家森林公园有 3 株野生植株，生长良好。

忍冬 *Lonicera japonica*

形态特征：半常绿藤本。小枝、叶柄和总花梗密被黄褐色、开展的硬直糙毛、腺毛和短柔毛。小枝髓心逐渐变为中空。叶片纸质，顶端尖或渐尖，基部圆或近心形，有糙缘毛。花冠白色，有时基部向阳面呈微红，后变黄色，二唇形，花期 4—6 月，果熟期 10—11 月。

习性用途：重要的观赏植物。花蕾入药，可清热解毒；带叶的茎、枝能清热解毒、通经活络。藤条可用于编织手工艺品。茎、叶浸液可杀虫，茎、叶也可代茶。花含芳香油。

种质资源：除黑龙江、内蒙古、宁夏、青海、新疆、海南、西藏等省（区）外，全国其他省（区、市）均有分布。淮安市有野生分布，同时有人工种植，常见于公园和道路绿化。

金银忍冬 *Lonicera maackii*

形态特征：落叶灌木或小乔木。株高可达 6 m。幼枝、叶两面脉、叶柄、苞片、小苞片及萼檐外面都被短柔毛和微腺毛。叶片纸质，通常卵状椭圆形至卵状披针形，顶端渐尖或长渐尖，基部宽楔形至圆形。花冠先白色后变黄色，二唇形。花期 5—6 月，果熟期 8—10 月。

习性用途：常栽培供观赏。嫩叶及花可做茶叶或食用。茎皮可制人造棉，叶可提取硬质橡胶，花可提取芳香油，种子榨油可制皂。茎、叶浸汁可杀虫。

种质资源：分布于东北、华中、西南以及河北、山西、陕西、甘肃、山东、安徽、浙江等地。淮安市有引种栽培，常见于公园和道路绿化。

锦带花 *Weigela florida*

形态特征：落叶灌木。株高 1 ～ 3 m。幼枝稍四方形，树皮灰色。叶片矩圆形、椭圆形至倒卵状椭圆形，顶端渐尖，基部阔楔形至圆形，边缘有锯齿，叶面疏生短柔毛，脉上毛较密，叶背密生短柔毛或茸毛。花单生或成聚伞花序生于侧生短枝的叶腋或枝顶，花冠紫红色或玫瑰红色。花期 4—6 月。

习性用途：枝叶茂密，花色艳丽，花期长，在园林中常栽培于庭院墙隅、湖畔、林缘，做花篱、丛植等。

种质资源：分布于东北、华北以及陕西、河南、山东等地。现各地庭园中多有栽培。淮安市有引种栽培，常见于公园和道路绿化。

海桐科 Pittosporaceae

海桐 *Pittosporum tobira*

形态特征: 常绿小乔木或灌木。株高可达3 m。叶多聚生于枝顶;叶片革质,嫩时有柔毛,狭倒卵形,叶面深绿色,发亮(干后变暗),顶端钝圆或内凹,基部窄楔形,全缘,边缘常外卷。伞形花序或伞房状伞形花序顶生或近顶生,密被黄褐色柔毛。花期5月,果熟期10月。

习性用途: 常见绿化观赏树种,盐碱地绿化树种。花含精油,可用于制作化妆品。茎、皮、叶、果有消炎消肿、祛痰平喘的作用,种子及果壳提取物均具有抑菌作用,树皮的提取物具有一定的抗病毒及抗肿瘤活性。植株粉末具有一定的灭螺活性,叶片则有一定的除草活性。

种质资源: 分布于长江以南沿海各省,长江流域及其以南各地庭园常有栽培。多生于林下或沟边。各地也多栽培。淮安市有引种栽培,常见于公园和道路绿化。

五加科 Araliaceae

细柱五加 *Eleutherococcus nodiflorus*

形态特征： 灌木。株高 2 ～ 5 m，有时蔓生状。枝无刺或在叶柄基部有刺。掌状复叶在长枝上互生，在短枝上簇生。伞形花序多单生于叶腋或短枝的顶端，花瓣黄绿色。果近圆球状，紫色至黑色。花期 5 月，果熟期 10 月。

习性用途： 为重要的药用植物。根皮（五加皮）及茎皮可祛风湿、壮筋骨、活血祛瘀；叶主治皮肤风痒；根皮泡酒，称“五加皮酒”，可治风湿性关节炎。茎皮及根皮含芳香油，为食品香料的原料。嫩叶可做蔬菜食用。枝叶煎剂可防治农作物害虫。花期还为蜜源。

种质资源： 分布于华中、华东、华南和西南地区。产于苏北、苏南各地，生于山坡林及路旁灌丛中。药圃常有栽培。淮安市有野生种质，在盱眙县铁山寺国家森林公园有分布。

八角金盘 *Fatsia japonica*

形态特征：常绿灌木或小乔木。株高可达5 m。茎光滑。叶片革质，近圆形，较大，掌状7～9（11）深裂，裂片长椭圆状卵圆形，顶端短渐尖，下部收缩，裂口底部弯缺较大，边缘有疏齿，叶面深绿色，无毛，叶背淡绿色，有粒状突起。花期10—11月，果熟期翌年4月。

习性用途：优良的耐阴观叶植物，适宜配植或成片群植于草地边缘、林下及园林荫蔽处，也可盆栽置室内供观赏。叶和根治跌打损伤，叶片可祛痰。

种质资源：原产于日本。淮安市城市公园、道路绿地中多有栽培，栽植于林下或高架桥下。

洋常春藤 *Hedera helix*

形态特征：常绿攀缘藤本。有时呈匍匐状。茎上常生有不定根；幼枝及花序具灰白色星状毛。叶有二型，叶面暗绿色，叶脉呈白色，叶背淡绿色或黄绿色；繁殖枝上的叶卵圆形至菱形，基部圆形至截形。伞形花序球状，花瓣黄色。浆果圆球状，熟后黑色。花期 9—10 月，果熟期翌年 4—5 月。

习性用途：可栽培供观赏，做地被或覆盖植物。叶、果和种子均含有毒性成分，误食可致人中毒。

种质资源：原产于欧洲。国内各省多栽培。江苏城镇园林和庭院有栽培。淮安市城市公园绿地中有栽培，常植于林下。

常春藤 *Hedera nepalensis* var. *sinensis*

形态特征：常绿攀缘藤本。茎有气生根；幼枝具锈色鳞片，叶片近革质，有二型：营养枝上的叶片三角状卵圆形或戟形，繁殖枝上的叶片椭圆状披针形或长椭圆状卵形，略歪斜而带菱形，稀卵圆形、披针形或箭形。花瓣淡黄白色，三角状卵圆形，外侧有鳞片，芳香；果实球状，果熟后红色或黄色。花期8—9月，果熟期翌年4—5月。

习性用途：优良的垂直绿化和地被植物，也可盆栽供观赏。茎、叶有小毒，有祛风利湿、平肝、解毒的功效；种子用于治疗羸弱血闭、腰腿痿软。茎叶可提制栲胶。花期也为蜜源。

种质资源：分布于华北、华东、华南及西南等地。产于江苏各地，常攀缘于树、岩石或墙壁上。淮安市园林绿化、道路景观与城市绿地中常见栽培。

中文名称索引

B

C

D

E

F

G